Renee Condori Apaza
Edwin Carlos L. Felix Poicon
Jose Luis Legua Laurencio

LIMNOLOGIA

Renee Condori Apaza
Edwin Carlos L. Felix Poicon
Jose Luis Legua Laurencio

LIMNOLOGIA

Manual De Practicas De Limnologia

Editorial Académica Española

Imprint
Any brand names and product names mentioned in this book are subject to trademark, brand or patent protection and are trademarks or registered trademarks of their respective holders. The use of brand names, product names, common names, trade names, product descriptions etc. even without a particular marking in this work is in no way to be construed to mean that such names may be regarded as unrestricted in respect of trademark and brand protection legislation and could thus be used by anyone.

Cover image: www.ingimage.com

Publisher:
Editorial Académica Española
is a trademark of
International Book Market Service Ltd., member of OmniScriptum Publishing Group
17 Meldrum Street, Beau Bassin 71504, Mauritius

Printed at: see last page
ISBN: 978-620-0-40137-3

MANUAL DE PRÁCTICAS DE LABORATORIO

LIMNOLOGÍA

AUTORES: RENEE M. CONDORI APAZA

EDWIN CARLOS L. FELIX POICON

JOSÉ LUIS LEGUA LAURENCIO

2020

INTRODUCCIÓN

A LOS ALUMNOS.- El presente Manual les dará las herramientas para hacer un análisis en forma responsable sabiendo que con buen desempeño de la técnica analítica se obtendrá un resultado que servirá para conocer la calidad de los ecosistemas acuáticos continentales y verificar el cumplimiento de la normatividad vigente o bien será la base de diseño para un sistema de cuidado de los ecosistemas hídricos. Todo sin perder de vista que la metodología debe ser amigable con el medio ambiente

A LOS PROFESORES.- El Manual servirá de guía para orientar su cátedra hacia la interpretación de resultados analíticos que fomente en los alumnos una conciencia del hecho que un análisis bien realizado permite tomar decisiones certeras. Además introducirá al alumno al cuidado de ecosistemas lenticos y loticos y la vigilancia del cumplimiento de la normatividad ya que esta beneficia a la población.

En general en éste laboratorio se espera que se reafirmen los conocimientos teóricos, se adquieran destrezas y se practiquen valores, como la tolerancia, el respeto, la honestidad, la perseverancia y la disposición al trabajo; todos ellos elementos indispensables para la formación de **Ingenieros Pesqueros** que en el desempeño de su vida profesional enfrentarán el reto del cuidado, conservación y manejo integral del agua.

EL MANUAL DE PRÁCTICAS ha sido realizado con el mayor cuidado posible y esperamos que a través de los años se actualice y mejore con las aportaciones de profesores y alumnos, al fin de proporcionar a las siguientes generaciones, casos vigentes que vayan de acuerdo a la normatividad y las necesidades de cada época.

CONTENIDO

Pág.

SEGURIDAD EN EL LABORATORIO

La enseñanza de prácticas de Limnología donde corresponde realizar análisis en laboratorios de Química y Biología para la formación de nuestros futuros profesionales debe contar con el conocimiento y habilidad para manejar sustancias tóxicas, corrosivas, inflamables e incluso, ocasionalmente, explosivas y también un adecuado manejo de materiales de vidrio, instrumentos de análisis. En la práctica, la mayor parte de las sustancias químicas de uso en el laboratorio caen dentro de una o más de las categorías anteriores, poseyendo un grado de riesgo variable. Por tanto, deben manejarse con respeto (no con miedo), y de ahí la insistencia del docente en que se utilicen y adquieran buenas técnicas operatorias y medidas de precaución.

Mientras que la corrosión, explosión y los incendios son riesgos claramente perceptibles, la toxicidad de un compuesto químico suele resultar menos evidente. El procedimiento más seguro para evitar sus efectos consiste en no permitir que ninguna sustancia extraña a nuestro organismo ingrese en él.

Merece la pena señalar que el globo ocular es la zona corporal a través de la cual las sustancias químicas se absorben más rápidamente, así como que la mayoría de los disolventes orgánicos, debido a su volatilidad, son particularmente peligrosos y se ha de evitar siempre la inhalación de sus vapores, además del contacto con la piel.

Estas advertencias de tipo general servirán de poco sin instrucciones más concretas. Por tanto, lea cuidadosamente las Normas de Seguridad que se le adjuntan. Recuerde que posee un solo cuerpo, y que la química y biología no necesita que se las convierta en un gran riesgo para ser una ciencia divertida y gratificante.

Normas de seguridad en el laboratorio:

1. Usar siempre mandil blanco de algodón debidamente cerrado.
2. No ingerir alimentos en el laboratorio.
3. Excepto en caso de emergencia, queda terminantemente prohibido correr en los laboratorios, así como la práctica de juegos, bromas y demás comportamientos irresponsables.
4. Las mesas de trabajo y los pasillos deben de estar libres de mochilas.
5. Las mesas del laboratorio debe permanecer siempre limpias y secas.
6. Ubicar salidas de emergencia, extintores, duchas y botiquín.
7. Realizar exclusivamente los experimentos que indique el profesor.
8. En el caso de trabajar con mecheros, apagarlos cuando no se ocupen.
9. Cuando se trabaje con líquidos inflamables evitar tener mecheros encendidos cerca.
10. Leer siempre las etiquetas de los frascos reactivos y considerar la peligrosidad de los mismos.
11. Cuando manipule reactivos y muestras de análisis no se lleve las manos a la boca.
12. Nunca adicione agua sobre un ácido concentrado. Para diluir ácidos, estos deben agregarse poco a poco al agua y agitar constantemente, de lo contrario el calor que se desprende en la reacción puede proyectar el ácido.
13. Al calentar tubos de ensayo directamente hacía el fuego, manténgalo inclinado y nunca en forma vertical. No mire hacia el interior del tubo, ni lo dirija hacia otra persona.
14. Cuando requiera de calentar tubos de ensayo hágalo en baño María sobre la parrilla.
15. Cuando esté trabajando con dispositivos de reflujo, o destilación nunca trabaje con temperaturas muy altas, ya que el líquido que está en el interior puede ser proyectado hacia el exterior, ni tampoco deje el dispositivo sin supervisión.
16. Si trabaja con dispositivos de reflujo o destilación verifique que las piezas estén correctamente colocadas, pinzas perfectamente cerradas, para así evitar perdida de material por rompimiento.
17. No verter a lavatorio residuos sólidos y papeles de filtro. Se almacenarán en contenedores apropiados para ello.
18. Al final de la práctica dejar limpio el material y la mesa de trabajo.

En caso de tener algún accidente en el laboratorio avisar rápidamente a su tutor.

El alumno estará obligado a utilizar el llamado Equipo de Protección Personal (EPP) y seguir al pie de la letra las indicaciones dadas por el profesor acerca de cómo preparar reactivos y como llevar a cabo la práctica.

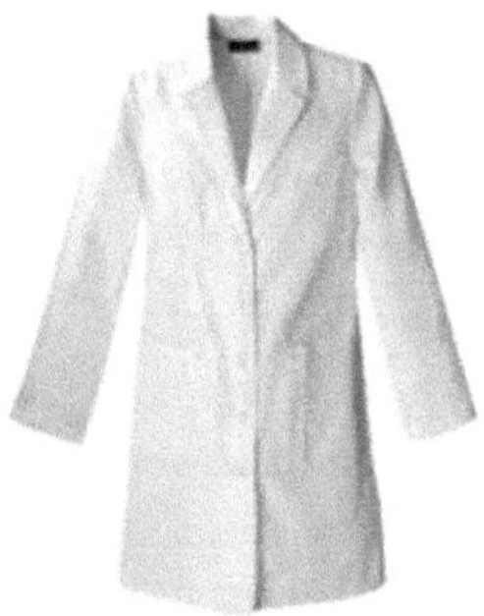

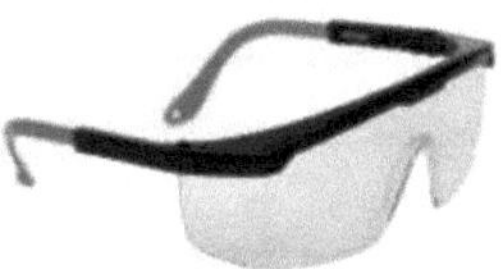

(1.a) La bata de laboratorio es obligatoria.   (1.b) Lentes de seguridad para el manejo de sustancias corrosivas como los ácidos fuertes.

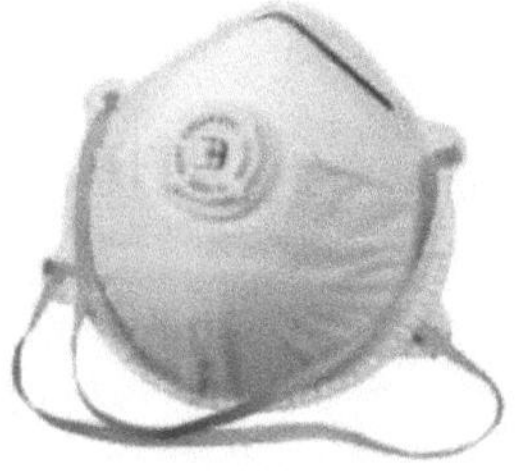

(1.c) Mascarilla protectora contra polvos y/o vapores tóxicos o corrosivos

(1.d) Diferentes tipos de guantes para uso en el laboratorio.

Figura 1 (a b, c, d). Equipo de protección personal requerida para laboratorio.

Símbolos de Peligrosidad

No debe utilizarse un reactivo sin haber leído previamente toda la información contenida en su etiqueta, prestando especial atención a los símbolos de peligrosidad y a las recomendaciones para su correcto manejo. Las etiquetas de disolventes y reactivos contienen una serie de símbolos de peligrosidad, de acuerdo con las normas vigentes en la Unión Europea, que deben tenerse en cuenta para el manejo de la sustancia.

Algunos símbolos de riesgo empleados por las compañías fabricantes de reactivos químicos.

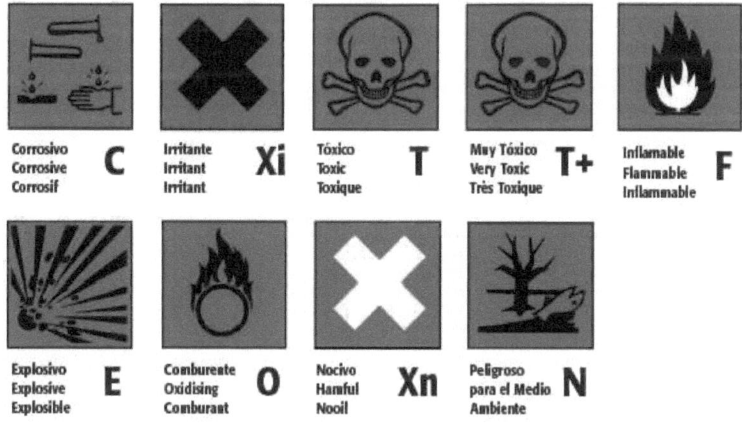

Figura 2. Pictograma de seguridad.

Otros símbolos de riesgo empleados en laboratorios, plantas piloto e industrias.

Figura 3. Símbolos de riego de seguridad.

<u>**PRÁCTICA N° 01**</u>

<u>**RECONOCIMIENTO DE MATERIALES Y EQUIPOS**</u>

1. OBJETIVOS

a) Identificar materiales y equipos de uso frecuente en el laboratorio.

b) Conocer el uso y función de materiales y equipos del laboratorio.

2. INTRODUCCIÓN

Es muy importante que los materiales y equipos de uso común en el laboratorio se identifiquen por su nombre correcto y uso específico que tiene cada uno, pero más importante es saber manejarlo correctamente en el momento oportuno, teniendo en cuenta los cuidados y normas especiales para el uso de aquellos que así lo requieran. Los instrumentos y útiles de laboratorio están constituidos de materiales diversos y se clasifican de la siguiente manera:

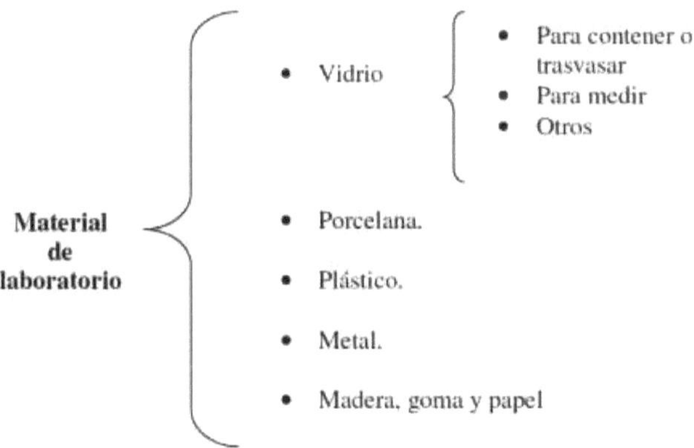

Figura 1. Tipo de materiales en el laboratorio.

Material de vidrio

El instrumental de vidrio usado para realizar investigaciones o reacciones químicas debe ser fabricado con materiales resistentes a la acción de los agentes químicos, biológicos y calor.

Los instrumentos construidos con vidrio delgado son muy resistentes al calor, pero solo cuando son calentados gradualmente y enfriados de la misma manera; por eso se recomienda interponer una rejilla metálica entre el fondo del recipiente y el mechero cuando va a realizarse un calentamiento del instrumento (entre estos están el Pyrex, vycor, kimble etc). Ej: Balones, matraces, vasos de precipitado, tubos de ensayo, etc.

Los instrumentos construidos con vidrio grueso solo son apropiados para contener y trasvasar o medir si se intenta calentarlos se puede romper con mucha facilidad. Ej: embudos, cilindros graduados, medidas cónicas y agitadores.

Material de porcelana

También se fabrican instrumentos de porcelana por ser más resistentes que el vidrio y se usan por lo general, cuando se van a someter sustancias a elevadas temperaturas, cuando es Necesario triturarlas o evaporarlas completamente.

Material de plástico

Así como los materiales se fabrican de vidrio y porcelana también se encuentran de plástico elaborados con polímeros resistentes a ácidos, solventes orgánicos e hidróxidos. Los materiales de plástico son de uso frecuente en el laboratorio.

Material de metal y madera

Se usan generalmente como medio de soporte y para manipular con facilidad otros objetos.

Equipos de laboratorio

Dentro de los equipos comunes en un laboratorio de química y biología tenemos: Desecador, termómetro, pera de goma, balanza analítica, espectrofotómetro, horno, autoclave, microscopio, estereoscopio, medidor de pH, baño maría, centrifuga, etc.

Equipos e instrumentos de campo

Dentro de los implementos comunes de campo tenemos; multiparamétrico, GPS, disco secchi, draga, mallas fitoplanctónico y zooplanctónico, muestreador de agua, entre otros.

PRACTICA N° 02

MUESTREO DE AGUA Y PREPARACIÓN DE LA MUESTRA

1. OBJETIVOS

a) Conocer y aplicar los procedimientos de muestreo de diferentes cuerpos de agua.

b) Aplicar los criterios para manejo, preservación y transporte de muestras.

2. INTRODUCCIÓN

Las técnicas de muestreo deben asegurar la obtención de muestras representativas, ya que los datos que se deriven de los análisis de dichas muestras serán la base para el proyecto de las instalaciones de tratamiento o para la verificación del cumplimiento de la normatividad entre muchas otras aplicaciones que pudieran tener los resultados, de ahí que el muestreo se debe llevar a cabo de manera minuciosa para que sea reproducible y para conservar las condiciones físicas y químicas y biológicas de la muestras durante los períodos de traslado, almacenamiento y análisis. Para lo cual se utilizara en protocolo nacional para monitoreo para la calidad de recursos hídricos superficiales. R.J. 010-2016-ANA-MINAM. También utilizaremos **Métodos de colecta, identificación y análisis de comunidades biológicas:** plancton, perifiton, bentos y necton en aguas continentales del Perú.

Recomendaciones para el muestreo.

Algunas normas usuales (extraídas de la práctica cotidiana) a tener en cuenta durante un muestreo de aguas, con independencia del sistema usado pueden ser:

❖ Cuando se van a tomar varias muestras en un punto o estación de muestreo se tomará en primer lugar el volumen destinado al análisis microbiológico, después la alícuota destinada al análisis biológico y en último lugar la destinada a las determinaciones físico-químicas, con lo cual se evitarán posibles contaminaciones.

❖ En muestreos en profundidad en lagos o embalses, las muestras se colectarán desde la superficie hacia la zona más profunda, para eludir en lo posible la mezcla de capas de agua.

❖ Las muestras de agua de fondo se colectarán evitando remover los sedimentos, circunstancia que alteraría gravemente el resultado analítico posterior.

❖ En muestras de vertidos, es importante considerar que la concentración de partículas se afecta tanto en profundidad como espacialmente, pudiendo no ser homogénea en el tiempo.

❖ Si se toman muestras de agua profunda, el recipiente debe quedar herméticamente cerrado para evitar que sustancias oxidables al contacto con el aire varíen su concentración desde su origen hasta el momento del definitivo análisis en el laboratorio.

3. MATERIAL, REACTIVOS Y EQUIPO

Para análisis físico-químico.- Envases de plástico o vidrio primer uso de 1L y 2L de capacidad, frascos de vidrio esterilizados de de 100ml a 250 ml. de capacidad como mínimo, con tapones del mismo material que proporcionen cierre hermético.

❖ Termómetro con escala de -10 a 110ºC.

❖ Potenciómetro o tiras reactivas para determinación de pH.

❖ Hielera con bolsas refrigerantes o bolsas con hielo.

❖ Agua destilada o desionizada.

❖ Solución de hipoclorito de sodio con una concentración de 100 mg/L.

❖ Torundas de algodón.

4. DESARROLLO EXPERIMENTAL. Campo de aplicación

La metodología descrita se recomienda para aguas superficiales.

Plan de muestreo

Realizar un plan de trabajo en el que se establezcan:

1. Puntos de muestreo. (Elegir los puntos de muestreo con ayuda de su profesor).
2. Análisis de campo
3. Análisis de laboratorio
4. Preservación de muestra
5. Horarios de muestreo
6. Lista de verificación de todos los documentos (Hoja de campo, Bitácora, cadena de custodia, Etc.) equipos, materiales y reactivos necesarios.

4.1. Preparación de envases para toma de muestras

Para análisis bacteriológico

Toma de muestra de agua sin cloro residual.- Deben esterilizarse frascos de muestreo en estufa a 170º C, por un tiempo mínimo de 60 min o en autoclave a 120º C durante 15 min. Antes de la esterilización, con papel resistente a ésta, debe cubrirse en forma de capuchón el tapón del frasco.

Para análisis físico-químico

Los de vidrio o plástico se limpian enjuagándolos varias veces con agua y manteniéndolos después de 12 a 24 horas con una solución de HCl 1M. Posteriormente se enjuagarán con agua destilada hasta eliminar las trazas de ácido presentes (el ácido usado puede reutilizarse para varios lavados). No usar detergentes en el lavado de material, debido a su capacidad de absorberse sobre las paredes y a su difícil eliminación. Es preferible proceder a lavarlos con mezcla crómica (ácido sulfúrico y dicromato potásico) que en general suelen ser más drásticos y efectivos. Se recomienda que los recipientes empleados en la toma de muestras de agua destinada a análisis de grasas, sean finalmente lavados con algún disolvente de las grasas, como el propio freón usado en el posterior análisis, para retirar las últimas trazas de aquellas. En muestras para análisis de plaguicidas se puede enjuagar el recipiente con hexano o similares.

4.2. Identificación (ID) y Control de Muestras

4.2.1 Para la identificación de las muestras deben etiquetarse los frascos y envases con la siguiente información:

4.2.1.2 Número de registro para identificar la muestra, y

4.2.1.3 Fecha y hora de muestreo.

4.2.2 Para el control de la muestra debe llevarse un registro en bitácora con los datos indicados en la etiqueta del frasco o envase referida en el inciso 4.3.1, así como la siguiente información:

4.2.2.2 Identificación del punto o sitio de muestreo,

4.2.2.3 Temperatura ambiente y temperatura del agua, (llevar un termómetro).

4.2.2.4 pH, (llevar tiras reactivas de papel pH)

4.2.2.5 Presencia de Cloro residual, (inspeccionar el olor y color del agua)

4.2.2.6 Tipo de análisis a efectuar,

4.2.2.7 Técnica de preservación empleada,

4.2.2.8 Observaciones relativas a la toma de muestra, en su caso, y Nombre de la persona que realiza el muestreo.

Almacenar y preservar la muestra, de acuerdo de la siguiente tabla:

Recipientes requeridos para el transporte y conservación de las muestras, en función al parámetro a evaluar.				
Parámetro	**Número de recipientes**	**Material de recipiente**	**Volumen mínimo del recipiente ml**	**Preservación de las muestras**
Microbiológico	1	Vidrio	50 o 100 0	Con hielo
Metales pesados	1	Polietileno o Vidrio	1000	Con HNO_3 para un $pH < 2$
Fisicoquímicos *	2	Polietileno	2000	Sin preservadores

(*) Entendiendo por fisicoquímicos los siguientes parámetros que se realizarán en las siguientes sesiones:

- pH en el laboratorio potenciométricamente. Conductividad en el laboratorio
- Sólidos en todas sus formas
- Demanda bioquímica de oxigeno (DBO5) Materia flotante

5. RESULTADOS

5.1. Hacer un croquis del lugar de muestreo (adicionar planos, fotografía del lugar, etc) Marcar en el croquis, cuáles fueron los puntos de muestreo elegidos.

5.2. Análisis visual del lugar, determinar lo siguiente:

5.2.1 Color del agua y olor,

5.2.2 Tipo de vegetación,

5.2.3 Tipo de fauna, Basura, Paso de gente,

5.2.4 Empresas cercanas al lugar.

5.2.5 Reportar en el lugar del muestreo la presencia o ausencia de materia orgánica, pH y temperatura, en la siguiente tabla.

Muestra No. (ID)	Materia orgánica	Color	pH	Temperatura	Hora de muestreo

Cadena de Custodia

Realice un cuadro con la siguiente información: Nombre y firma de la persona que tomó la muestra. Laboratorio en donde se analizará la muestra y fecha en la que se entrega al laboratorio la muestra.

Nombre de los analistas que realizarán el análisis.

Nombre del jefe inmediato a quien se entregarán los resultados.

6. CUESTIONARIO

- ¿Cuál es el objetivo del muestreo?
- ¿Qué es una cadena de custodia?
- Indica tres diferencias entre los muestreos de aguas rio, cuerpos receptores y agua de estuarios y lagos en sistemas hídricos.
- Verificar el protocolo normativo RJ. 010-2016-ANA-MINANM, los lineamientos para e l material de envase, la preservación y tiempo de almacenamiento que se permiten para realizar las determinaciones.
- De acuerdo al tipo de agua muestreada, ¿Cómo preservaste la muestra en función de los parámetros a determinar?

<u>**PRÁCTICA N° 03**</u>

<u>**OXÍGENO DISUELTO Y DEMANDA BIOQUÍMICA DE OXÍGENO**</u>

1. OBJETIVOS

a) Determinar la DBO_5 de diferentes tipos de agua

b) Interpretar los resultados de la DBO_5 dependiendo del origen de la muestra, a la normatividad y el tratamiento aplicado

c) Determinar la concentración de Oxígeno Disuelto a diferentes tipos de muestras

2. INTRODUCCIÓN

La determinación de oxígeno disuelto (OD) es muy importante en control de calidad de agua por ser el factor que determina la existencia de condiciones aerobias o anaerobias en un medio particular. La determinación de Oxígeno Disuelto sirve como base para cuantificar la Demanda Química de Oxígeno (DBO_5), aerobicidad de los procesos de tratamiento, tasas de aireación en los procesos de tratamiento aerobio y grado de contaminación de los ríos. El oxígeno disuelto se presenta en cantidades variables y bajas en el agua; su contenido depende de la concentración y estabilidad del material orgánico presente y es por ello, un factor muy importante en la autopurificación de los ríos. Los valores de O.D. en aguas son bajos y disminuyen con la temperatura. El oxígeno libre en solución, especialmente cuando está acompañado de CO_2 es un agente de corrosión importante del hierro y el acero. La demanda bioquímica de oxígeno (DBO5) es una prueba usada para la determinación de los requerimientos de oxígeno para la degradación bioquímica de la materia orgánica en las aguas municipales, industriales y en general aguas residuales; su aplicación permite calcular los efectos de las descargas de los efluentes domésticos e industriales sobre la calidad de las aguas de los cuerpos receptores. Los datos de la prueba de la DBO_5 se utilizan en ingeniería para diseñar las plantas de tratamiento de aguas residuales. En aguas residuales domésticas, el valor de la DBO_5 a 5 días representa en promedio un 65 a 70% del total de la materia orgánica oxidable. La DBO como todo ensayo biológico, requiere cuidado especial en su realización, así como conocimiento de las características esenciales que deben cumplirse, con el fin de obtener valores representativos confiables.

El ensayo supone la medida de la cantidad de oxígeno requerido por los organismos en sus procesos metabólicos al consumir la materia orgánica presente en las aguas residuales o naturales, por lo que es necesario garantizar que durante todo el período del ensayo exista suficiente O.D. para ser utilizado por los organismos. Además, debe garantizarse que se suministran las condiciones ambientales adecuadas para el desarrollo y trabajo de los microorganismos, así que se deben proporcionar los nutrientes necesarios para el desarrollo bacterial tales como N y P y eliminar cualquier sustancia tóxica en la muestra. Es también necesario que exista una población de organismos suficiente en cantidad y variedad de especies, comúnmente llamada "simiente", durante la realización del ensayo. Variaciones en el número inicial de bacterias tienen poco efecto sobre el valor de DBO_5 siempre y cuando el número de bacterias sea mayor de 103/mL. El efecto de una población bacterial inicial baja sobre el valor de la DBO_5 puede observarse en la figura 1.

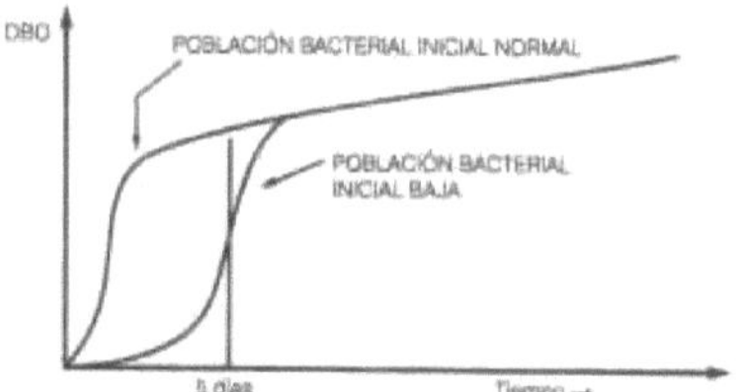

Figura 1. Efecto de una población inicial baja sobre la DBO.	**Figura 2.** Efecto de una simiente bacterial no aclimatada sobre la DBO.

Si no están adaptadas al substrato particular existente en la botella de DBO_5, las bacterias morirían o disminuirían en número hasta que logren adaptarse; es importante, por lo tanto, obtener simientes aclimatadas para conseguir valores verdaderos de la concentración orgánica. El efecto de una simiente no aclimatada sobre el valor de la DBO_5 puede analizarse en la figura 2.

Las condiciones estándar del ensayo incluyen incubación en la oscuridad a 20ºC por un tiempo determinado, generalmente cinco días. Las condiciones naturales de temperatura, población biológica, movimiento del agua, luz solar y la concentración de oxígeno no pueden ser reproducidas en el laboratorio. Los resultados obtenidos deben tomar en cuenta los factores anteriores para lograr una adecuada interpretación. Las muestras de agua residual o una dilución conveniente de las mismas, se incuban por cinco días a 20ºC en la oscuridad. La disminución de la concentración de oxígeno disuelto (OD), medida por el "método Winkler" o una modificación del mismo, durante el periodo de incubación, produce una medida de la DBO_5.

LIMITACIONES E INTERFERENCIAS

Existen numerosos factores que afectan la prueba de la DBO_5, entre ellos la relación de la materia orgánica soluble a la materia orgánica suspendida, los sólidos sedimentables, los flotables, la presencia de hierro en su forma oxidada o reducida, la presencia de compuestos azufrados y las aguas no bien mezcladas. Al momento no existe una forma de corregir o ajustar los efectos de estos factores.

Durante la hidrólisis de proteínas se produce materia no carbonosa como el amoniaco, el cual es oxidado en nitrito y nitrato por bacterias autotróficas; el oxígeno asociado con la oxidación del nitrógeno amoniacal, en el proceso biológico de nitrificación, constituye la llamada Demanda Bioquímica de Oxígeno Nitrogenácea (DBON).

El efecto del oxígeno requerido por nitrificación, debido al requerimiento lento de las bacterias nitrificantes, es importante en muestras de aguas residuales crudas después de los 8 a 10 días. Sin embargo, en efluentes de plantas de tratamiento el efecto puede presentarse después de 2 días debido a la presencia de un gran número de bacterias nitrificantes en el efluente. La nitrificación pude inhibirse en las muestras de DBO_5 por adición de tiourea, de tal manera que se determine solamente la demanda carbonosa. Debe recordarse que la nitrificación es una demanda de oxígeno que se ejerce eventualmente sobre la fuente receptora.

Las reacciones estequiométricas para oxidación del amonio a nitrito y nitrato por las bacterias nitrificantes son:

$$\text{Nisosomonas}$$
$$NH_4^+ + 1.5O_2 \longrightarrow NO_2^- + 2H^+ + H_2O$$

$$\text{Nitrobacter}$$
$$NO_2^- + 0.5O_2 \longrightarrow NO_3^-$$

O globalmente:

$$\text{Bacteria}$$
$$NH_4^+ + 2O_2 \longrightarrow NO_3^- + 2H^+ + H_2O$$
$$\text{Nitrificante}$$

Además, como se observa en la ecuación siguiente, hay cambios en el sistema de ácido carbónico:

$$NH_4^+ + 2O_2 + 2HCO_3^- \longrightarrow NO_3^- + 2H_2CO_3 + H_2O$$

<u>Demanda Bioquímica Oxígeno carbonosa contra nitrogenácea.</u> La oxidación de las formas reducidas del nitrógeno como amoniaco y nitrógeno orgánico, mediada por los microorganismos, ejercen una demanda nitrogenácea, que ha sido considerada como una interferencia en la prueba; sin embargo, esta puede ser eliminada con la adición de inhibidores químicos. Cuando se inhiba la demanda nitrogenácea de oxígeno, reportar los resultados como demanda bioquímica de oxígeno carbonácea ($DBOC_5$); cuando no se inhiba, reportar los resultados como DBO_5.

Actividades Previas

1. ¿Qué importancia tiene realizar un blanco en la determinación de la DBO_5?.
2. Menciona diferentes industrias en las que por sus desechos de agua residual sea necesario determinar DBO_5.

3. Buscar la reglamentación existente relacionada a las descargas de aguas residuales con respecto a los valores de DBO_5 y comparar los resultados obtenidos en esta norma.

4. Realiza un diagrama de bloques para determinar oxígeno disuelto.

5. Realiza un diagrama de bloques para determinar la Demanda Bioquímica de Oxígeno.

3. MATERIALES, REACTIVOS Y EQUIPO
MATERIALES PARA DBO_5

Material para el agua de dilución

NOTA: ESTA SOLUCIÓN SE PREPARA AL MENOS MEDIA HORA ANTES DE QUE EMPIECE LA PRÁCTICA.

- Bomba de vacío, o pecera o parrilla de agitación con agitador magnético.
- 4 pipetas graduadas de 10 ml
- 1 garrafón de 10 L para airear el agua de dilución

Material por cada equipo

- 2 Botellas de incubación para DBO_5 por cada muestra que se vaya a analizar
- Pueden ser marca Wheaton o Winkler
- En caso de no haber suficientes, los alumnos deberán traer botellas de vidrio de 250 mL con cierre hermético. Lavarlas con detergente, enjuagarlas varias veces, y escurrirlas antes de su uso. Enjuagar al final con un poco de solución de sulfito de sodio. Escurrir y tapar hasta su uso. Por cada muestra usar dos botellas, una botella extra para un blanco de reactivos.
- 1 Botellas de incubación para DBO5 por cada testigo que se vaya a analizar
- 1 pipeta graduada de 10 ml
- 1 probeta de 100 ml

MATERIALES PARA OXÍGENO DISUELTO

- 3 pipetas graduadas de 10 ml
- 3 matraces erlenmeyer de 250 ml

- 1 probeta de 100 ml
- 1 bureta
- Soporte universal y pinzas para bureta
- Aparato para medición de Oxígeno Disuelto con electrodo integrado para medición.

3.1. REACTIVOS Y SOLUCIONES

REACTIVOS PARA OXÍGENO DISUELTO

1. Sulfato manganoso (MnSO4.4H2O ó MnSO4.2H2O ó MnSO4.H2O)
2. Hidróxido de potasio (KOH)
3. Yoduro de potasio (KI) o yoduro de sodio (NaI)
4. Acida de sodio (NaN3)
5. Almidón soluble
6. Tiosulfato de sodio pentahidratado (Na2S2O3.5H2O)
7. Ácido sulfúrico concentrado (H2SO4)
8. Dicromato de potasio (K2Cr2O7)
9. Hidróxido de sodio (NaOH)
10. Ácido salicilico (C6H4(OH)COOH)
11. Disolución de sulfato manganoso. Disolver en agua 480 g de sulfato manganoso, 400 gr. de MnSO4.2H2O, ó 364 g de MnSO4.H2O, filtrar y diluir a 1 L. Esta disolución debe usarse siempre y cuando no de color al adicionarle una disolución ácida de yoduro de potasio en presencia de almidón.
12. Disolución alcalina de yoduro-azida de sodio. Disolver en agua 500 g de hidróxido de sodio, y 135 g de NaI, diluir a 1 L con agua destilada. A esta disolución agregar 10 g de azida de sodio disueltos en 40 mL de agua. Esta disolución no debe dar color con la disolución de almidón cuando se diluya y acidifique.
13. Disolución indicadora de almidón. Disolver 2 g de almidón soluble y 0.2 g de ácido salicílico como conservador en 100 mL de agua destilada caliente. Mantener en refrigeración siempre que no esté en uso.
14. Disolución estándar de tiosulfato de sodio (aprox. 0,025M). Pesar aproximadamente 6,205 g de tiosulfato de sodio y disolver en agua destilada y diluir a un litro; agregar un gramo de hidróxido de sodio en lentejas. Titular

con una disolución de dicromato de potasio 0,025 N, usando la disolución de almidón como indicador (1 mL de la disolución valorada de tiosulfato de sodio 0,025 M es equivalente a 1mg de oxígeno disuelto).

15. Disolución de dicromato de potasio (0,025 N). Pesar aproximadamente y con precisión 1,226 g de dicromato de potasio previamente secado a 105°C durante 2 h y aforar a 1 L con agua destilada.

16. Valoración de la disolución de tiosulfato de sodio. Verter una alícuota de 10 a 20 mL de solución de dicromato de potasio, medido con pipeta volumétrica y adicionar 1 g de KI, 3 mL de HCl 6N y una pizca de bicarbonato de sodio, diluirá 50 m L con agua destilada, agitar, tapar el matraz y dejar en la oscuridad durante 5 minutos. Lavar las paredes del matraz con agua destilada y valorar con la solución de tiosulfato de sodio hasta que la coloración de la solución cambie de pardo rojizo a amarillo, en este momento se adiciona 1 mL de almidón al 1% y se continúa la adición de tiosulfato hasta que la solución cambie de azul a azul tenue o incoloro.

Reacciones de la titulación:

$$K_2Cr_2O_7 + 14H^+ + 6I^{-1} \;\text{--------------}\; 2Cr^{3+} + 7H_2O + 3I_2$$

$$2Na_2S_2O3 + I_2 \;\text{--------}\; Na_2S_4O_6 + 2NaI$$

N de tiosulfato = V ($K_2Cr_2O_7$) X N ($K_2Cr_2O_7$)/ mL gastados de tiosulfato

Donde:

N = Normalidad del dicromato de potasio

V = Volumen de dicromato

18. Disolución de ácido sulfúrico 0,10 N. Lentamente y mientras se agita, agregar 2,8 mL de ácido sulfúrico concentrado a un volumen aproximado de 500 mL de agua destilada, mezclar bien y diluir a 1 L de agua destilada.

19. Disolución de hidróxido de sodio 0,1 N. Pesar aproximadamente y con precisión 4 g de lentejas de hidróxido de sodio y diluir a 1 L.

Preparación de reactivos para DBO$_5$

1. Solución tampón de fosfato: Disolver 8,5 g de KH_2PO_4, 21,75 g de K_2HPO_4, 33,4 g de Na_2HPO .7H O, y 1,7 g de NH Cl en aproximadamente 500 mL de agua destilada y diluir a 1 L. El pH debe ser 7,2 sin posteriores ajustes. Si se presenta alguna señal de crecimiento biológico, descartar este o cualquiera de los otros reactivos.

2. Solución de sulfato de magnesio: Disolver 22,5 g de $MgSO$ .7H O en agua destilada y diluir a 1 L.

3. Solución de cloruro de calcio: Disolver 27,5 g de $CaCl_2$ en agua destilada y diluir a 1L.

4. Solución de cloruro férrico: Disolver 0,25g de $FeCl_3.6H_2O$ en agua destilada, diluir a 1L.

5. Soluciones ácida y alcalina, 1 N, para neutralización de muestras cáusticas o ácidas (en caso de que el agua muestreada este ácida ó alcalina).

    a. *Acido*. A un volumen apropiado de agua destilada agregar muy lentamente y mientras se agita, 28 mL de ácido sulfúrico concentrado; diluir a 1 L.

    b. *Alcali*. Disolver 40 g de hidróxido de sodio en agua destilada y diluir a 1 L.

6. Solución de sulfito de sodio: Disolver 1,575 g de Na_2SO_3 en 1000 mL de agua destilada.

7. Esta solución no es estable y se debe preparar diariamente.

8. Solución de cloruro de amonio: Disolver 1,15 g de NH4Cl en 500 mL de agua destilada, ajustar el pH a 7,2 con solución de NaOH, y diluir a 1 L. La solución contiene 0,3 mg de N/mL.

4. DESARROLLO EXPERIMENTAL Campo de Aplicación

La metodología descrita se recomienda para aguas naturales, residuales y residuales tratadas.

4.1. Procedimiento.

a) <u>Preparación del agua de dilución.</u>

Determinar el agua de dilución necesaria para la práctica a partir de la siguiente ecuación:

Agua de dilución necesaria (ml) = (No. De muestras + 1 blanco) x 2Frascos x 300ml.

Agregar por cada litro de agua de dilución 1 mL de cada una de las siguientes soluciones.

1. Regulador de fosfatos pH 7.2,
2. $MgSO_4$
3. $CaCl_2$
4. $FeCl_3$

El agua de dilución se debe airear durante 0.5 horas con bombas o 0.75 horas con agitador magnético.

Para la aireación usar agitación magnética a alta velocidad durante 45 minutos o burbujear aire con una bomba durante 0.5 hora.
Utilizar esta agua como blanco de reactivos.

b) <u>Pretratamiento de la Muestra</u>

1. Si la muestra ha sido clorada, siémbrese el agua de dilución.

2. Muestras sobresaturadas con OD.- En aguas frías o en aguas donde se produce la fotosíntesis, es posible encontrar muestras que contienen más de 9 mg OD/L a 20 ºC., calentar la muestra aproximadamente a 20 $\pm$ 1°C en frascos parcialmente llenos mientras se agitan con fuerza o se airean con aire limpio.

c) <u>Determinación de la DBO$_5$</u>

Preparar 4 ó 6 frascos por muestra dependiendo las técnicas de análisis que aplique.

No.	Análisis
1	Oxígeno Disuelto inicial de la muestra
2	Oxígeno Disuelto inicial del blanco de reactivos
3	Oxígeno Disuelto inicial del testigo con inóculo
4	Oxígeno Disuelto después de 5 días de incubación de la muestra
5	Oxígeno Disuelto después de 5 días de incubación del blanco de reactivos
6	Oxígeno Disuelto después de 5 días de incubación del testigo con inóculo

c.1) Técnica de dilución

Utilizando una pipeta volumétrica, añádanse cantidades adecuadas de muestra a los frascos Wheaton de acuerdo a la DBO$_5$ esperada según la siguiente tabla:

Alícuota de muestra	Intervalo de valores DBO$_5$ esperados
Ml	(mg/L)
0.05	12,000- 42,000
0.1	6,000 – 21,000
0.2	3,000 – 10,500
0.5	1,200 - 4,200
1	600 - 2,100
2	300 - 1,050
5	120 - 420
10	60-210
20	30-105
50	12-42
10	6,21
30	0-7

Llénense los frascos con agua de dilución, de forma que a la inserción del tapón derrame el agua de la boca del frasco, verificar que no haya burbujas en el frasco. Ajústese herméticamente el tapón al segundo frasco, póngase un sello hidráulico e incúbese durante 5 días a 20ºC

c.2) Técnica de Inoculación

Cuando una muestra contiene algún agente tóxico que inhibe el desarrollo natural de los microorganismos, inocular el frasco wheaton con algún agua residual que tenga valor alto de DBO5, como son los efluentes municipales, de rastros o agua de ríos contaminados.

1. Establecer el valor esperado de la DBO_5 del inóculo
2. Agregar al menos 1 ml del agua de inóculo dependiendo del valor de DBO_5 establecido en el párrafo anterior.
3. Seguir el procedimiento de la técnica de dilución directa en el frasco.
4. Manejar dos blancos, uno de reactivo con el agua de dilución y otro con el agua de dilución más el inóculo agregado a la muestra.
5. El consumo de OD del agua de dilución más el inóculo puede estar en el intervalo de 0,6 a 1,0 mg/L.

El OD consumido por el agua de dilución debe ser menor de 0,2 mg/L y preferiblemente no mayor de 0,1 mg/L.

d) Incubación

Incube a 20ºC ± 1ºC las botellas de DBO5 que contengan las muestras con las diluciones deseadas, los controles de siembra y los blancos de reactivos.

e) Determinación del OD inicial

Forma 1.

Para fijar el oxígeno, adicionar a la botella de DBO_5 que contiene la muestra, 2 mL de sulfato manganoso con una pipeta graduada, cuidando que la punta de la misma penetre aproximadamente 0.5 cm en el seno del agua.

Agregar 2 mL del reactivo álcali-yoduro-acida, en la misma forma que el reactivo anterior.

Tapar la botella de DBO (evitar burbuja) y agitar vigorosamente y dejar sedimentar el precipitado (al menos a la mitad del frasco). Añadir 2 mL de ácido sulfúrico concentrado, volver a tapar y mezclar por inversión hasta completa disolución del precipitado. Titular 100 mL de la muestra con la disolución de tiosulfato 0.025 N agregando el almidón hacia el final de la titulación, cuando se alcance un calor amarillo pálido. Continuar hasta la primera desaparición del color azul. Después de 5 días de incubación determínese el OD en las diluciones de la muestra, en los controles y en los blancos.

Forma 2.

Medir el oxígeno disuelto con el aparato para medir oxígeno disuelto. Consultar al profesor para el manejo del aparato. El resultado en el equipo ya está dado en unidades de mgO2/L.

CÁLCULOS

OD mg/L = N tiosulfato mL de tiosulfato x 8 x 1000/98.7
OD mg/L = N tiosulfato   mL de tiosulfato x 81.0536981

Donde:
8 = gramos/equivalente de oxígeno

Cuando el agua de dilución no está sembrada, utilice la siguiente fórmula:

$$DBO5, mg/L = \frac{D1 - D2}{P}$$

Cuando el agua de dilución está sembrada, utilice la siguiente ecuación:

$$DBO_5, mg/L = \frac{(D1 - D2) - (B1 - B2) \, X \, f}{P}$$

Donde:

D1 = OD de la muestra diluida inmediatamente después de su preparación, mg/L, D2 = OD de la muestra diluida después de 5 días de incubación a 20ºC, mg/L,

P = Fracción volumétrica decimal de la muestra utilizada. Solo si se hizo dilución. B1 = OD del control de siembra antes de la incubación, mg/L,

B2 = OD del control de siembra después de la incubación, mg/L,

f = Proporción de la siembra en la muestra diluida con respecto a la del control de la simiente

f = (% de siembra en la muestra diluida) / (% siembra en el control de siembra).

Si se añade directamente la siembra a las botellas de la muestra o control de siembra: Reporte los resultados en mg/L y con dos cifras significativas.

5. RESULTADOS

Anotar sus resultados en forma de tabla como se muestra a continuación

EQUIPO	OD inicial	OD día 5	DBO$_5$	Límite máximo permisible	Norma oficial que aplica

6. CUESTIONARIO

1. Haga una tabla con los resultados de todos los equipos

2. Compare los resultados con la normatividad para verificar su cumplimiento

3. Para aguas tratadas calcule el % de eficiencia a partir de la siguiente ecuación

$$\% \text{ eficiencia} = \frac{(DBO_5 \text{ antes del tratamiento} - DBO_5 \text{ después del Tratamiento}) \times 100}{DBO_5 \text{ antes del tratamiento}}$$

Si no se tiene el valor antes del tratamiento, se puede suponer una DBO$_5$ de 350 mg/L

4. Para aguas no tratadas calcule el % de remoción necesario para cumplir con la normatividad a partir de la siguiente ecuación.

$$\% \text{ eficiencia} = \frac{(DBO_5 \text{ antes del tratamiento} - DBO_5 \text{ a la que se pretende llegar})}{DBO_5 \text{ antes del tratamiento}} \times 100$$

La DBO_5 a la que se pretende llegar generalmente es el 50% del valor de la normatividad que se vaya a cumplir.

PRACTICA N° 04

DEMANDA QUÍMICA DE OXIGENO

Método a reflujo cerrado/ método espectrofotométrico (Variación)

1. OBJETIVOS

a) Conocer la importancia que tiene la determinación de la Demanda química de Oxígeno (DQO) en el monitoreo de calidad de agua.

b) Determinar la DQO en diferentes muestras de agua.

2. INTRODUCCIÓN

Se entiende por demanda química de oxígeno (DQO), la cantidad de materia orgánica e inorgánica agua susceptible de ser oxidada por un oxidante fuerte. En la normatividad de agua de aguas envasadas este análisis se identifica como Oxígeno Consumido en Medio Ácido. El método que involucra el uso de dicromato es preferible sobre procedimientos que utilizan otros oxidantes debido a su mayor potencial redox y su aplicabilidad a una gran variedad de muestras.

Existen dos métodos para la determinación de DQO con dicromato. El método a reflujo abierto es conveniente para aguas residuales en donde se requiera utilizar grandes cantidades de muestra. El método a reflujo cerrado es más económico en cuanto al uso de reactivos, pero requiere una mayor homogeneización de las muestras que contienen sólidos suspendidos para obtener resultados reproducibles

La DQO suele ser mayor que su correspondiente DBO5-20ºC, debido al mayor número de compuestos suya oxidación tiene lugar por vía química frente a los que se oxidan por vía biológica. Esto puede resultar de gran utilidad dado que es posible determinar la DQO en 3 horas, frente a los 5 días necesarios para la determinar la DBO. Una vez establecida la correlación entre ambos parámetros, pueden emplearse las medidas de la DQO para el funcionamiento y control de las plantas de tratamiento.

3. MATERIALES REACTIVOS Y SOLUCIONES

3.1. Materiales

Equipo

❖ Estufa de calentamiento que alcance una temperatura de 150 ºC ± 2ºC. ó autoclave para esterilización.

❖ Espectrofotómetro. Disponible para utilizarse de 190 mm a 900 nm

❖ Campana de extracción

Material

❖ 8 Tubos para digestión, 16 mm x 100 mm roscados con tapa ó frascos de 100mL con tapa. (Para este caso podrían ser útiles frascos tipo gerber).

❖ Matraces aforados de 100 ml.

❖ Pipetas de 5 ml.

❖ Gradilla para tubos de ensayo.

3.2. Reactivos

❖ Ácido sulfúrico concentrado (H_2SO_4) Dicromato de potasio ($K_2Cr_2O_7$).

❖ Sulfato mercúrico ($HgSO_4$) ó mezcla digestora de selenio. Sulfato de plata (Ag_2SO_4).

❖ Biftalato de potasio patrón primario ($HOOCC_6H_4COOK$) Abreviada como BFK.

Soluciones

1) Disolución de sulfato de plata en ácido sulfúrico. Pesar aproximadamente y con precisión 15 g de sulfato de plata y disolver en 1 L de ácido sulfúrico concentrado. El sulfato de plata requiere un tiempo aproximado de dos días para su completa disolución. La disolución formada debe mantenerse en la obscuridad para evitar su descomposición.

2) Disolución de digestión A (alta concentración). Pesar aproximadamente y con precisión 10,216 g de dicromato de potasio, previamente secado a 103ºC por 2 h, y añadirlos a 500 mL de agua, adicionar 167 mL de ácido sulfúrico concentrado y aproximadamente 5 g de mezcla digestota de selenio. Disolver y enfriar a temperatura ambiente. Aforar a 1 L con agua.

3) Disolución de digestión B (baja concentración). Pesar aproximadamente y con precisión 1,021 6 g de dicromato de potasio, previamente secado a 103ºC por 2 h, y añadirlos a 500 mL de agua. Adicionar 167 mL de ácido sulfúrico concentrado y 5 g de mezcla digestota de selenio. Disolver y enfriar a temperatura ambiente. Aforar a 1 L con agua.

Disolución estándar de biftalato de potasio (1000 mg O2/mL). Pesar aproximadamente y con precisión 1 g de biftalato de potasio patrón primario previamente secado a 120°C durante 2 h. Pesar 0.851g de biftalato, disolver y aforar a 1 L con agua.

Esta disolución es estable hasta por 3 meses si se mantiene en refrigeración y en ausencia de crecimiento biológico visible.

4. DESARROLLO EXPERIMENTAL

Campo de Aplicación

La metodología descrita se recomienda para aguas envasadas, naturales, residuales y residuales tratadas.

Actividades Previas del análisis

a) Selección de la solución digestora.

Para aguas que contengan una DQO baja (5 mg/L a 75 mg/L), utilizar la disolución de digestión B. Si el valor de la DQO determinado es más alto que 75 mg/L después de usar estos reactivos, reanalizar la muestra, utilizando la disolución A. (CONSULTAR CON EL PROFESOR).

b) Curva de calibración

b-1) Agregar las cantidades indicadas en la tabla 1 a un matraz aforado de 100 ml y aforar con agua.

Tabla 1. Preparación de curva tipo 1.

PRUEBA	SOL. PATRÓN DE BFK (ml)	DQO (mg/L)
Testigo	0	---
1	2	20
2	3	30
3	5	50
4	6	60
5	8	80
6	10	100

Tabla 2. Preparación de curva tipo 2.

PRUEBA	SOL. PATRÓN DE BFK (ml)	DQO (mg/L)
Testigo	0	---
1	10	100
2	20	200
3	25	250
4	40	400
5	50	500

b-2) Descargar 2 ml de solución patrón de DQO, 1.5 ml de solución digestora y 3.5 ml de la Sol. Sulfato de plata - ácido sulfúrico, tapar y agitar con suavidad los tubos.

b-3) Colocar los tubos en la estufa previamente calentada a 150 ºC y dejarlos en digestión por 2 horas. O también puede colocar los tubos con tapa, pero sin cerrar y colocarlos en una autoclave y llevarlo a la presión de 15 Lb/cm2 durante 15 minutos.

b-4) Enfriar los tubos a temperatura ambiente y leer las soluciones a 600 nm.

c)   Análisis de muestras

c-1) Precalentar a 150ºC la estufa o la autoclave poner a calentar el agua sin tapar la olla.

c-2) Colocar en los tubos de reacción 1,5 mL de la disolución de digestión A o B, si es de concentración alta o baja según se hizo en la sección b.

c-3) Tomar cuidadosamente 2,5 mL de muestra previamente homogeneizada dentro de los tubos de reacción. Cerrar inmediatamente para evitar que se escapen los vapores (Trabajar en la campana de extracción), asegurarse de que están herméticamente cerrados. Suavemente invertir los tubos varias veces destapando después de cada inversión para liberar la presión (destapando y volviendo a cerrar). Si se hace en los frascos, solo rotarlos suavemente sobre la mesa sin invertirlos. **NOTA.-** La disolución es fuertemente ácida y el tubo se calienta en este proceso, trabajar con guantes de latex y guantes para cosas calientes.

c-4) Añadir cuidadosamente 3,5 mL de la disolución de AgSO4 – H2SO4.

c-5) Colocar 2,5 mL de agua en un tubo para la determinación del blanco de reactivos.

c-6) Colocar todos los tubos en la estufa calentada a 150ºC durante 2 h.

c-7) Retirar los tubos de la estufa o autoclave y dejar que los tubos se enfríen a °T ambiente, permitiendo que cualquier precipitado se sedimente.

c-8) Enfriar los tubos hasta alcanzar la temperatura ambiente y leer las soluciones a 600 nm.

5. RESULTADOS

r-1) Obtener la gráfica de la curva tipo graficando A vs concentración de O2 en mg/L. Hacer el ajuste de linearización de la gráfica.

r-2) Con los datos de cada muestra, calcular la DQO en miligramos por litro (mg/L) directamente de la curva de calibración, con la ecuación 1.

$$A = mC + b \quad \text{----------------} \quad \text{Ecuación 1}$$

Donde A = absorbancia leída a 600 nm   m= pendiente de la curva tipo

c= concentración

b = ordenada al origen de la curva tipo

r-3) Reportar los resultados en mgO2/L, comparando con lo reportado en la norma correspondiente.

Tabla 3. Resultados comparativos.

Muestra	DQO mgO$_2$/L Calculado en el laboratorio	DQO, mgO$_2$/L (Reportada en la norma)	DQO, mgO$_2$/L Reportado en la empresa. (Si es el caso).
1			
2			
3			

6. CUESTIONARIO

- ¿Qué finalidad tiene determinar la DQO en las muestras de agua?
- ¿En qué casos se recomienda determinar la DQO?
- ¿Por qué se lleva a cabo un reflujo   o calentamiento de 2 horas? ¿Y por qué en autoclave el calentamiento solo es de media hora?
- Mencione diferentes industrias en la que a   sus desechos de agua residual sea necesario determinar DQO.

PRACTICA N° 05

PROPIEDADES FÍSICAS DEL AGUA

1. OBJETIVOS

a) Conocer y aplicar las técnicas analíticas que permiten determinar la calidad del agua.

b) Analizar el interés ecológico que tiene el estudio de las propiedades físicas del agua.

2. INTRODUCCIÓN

Las características físicas y organolépticas son aquellas que se detectan sensorialmente y las características químicas nos indican la presencia de algún constituyente químico. A continuación se describe cada una de estas características:

ORGANOLÉPTICAS

Para efectos de evaluación, el sabor y olor se ponderan por medio de los sentidos <u>solo para</u> <u>el agua envasada o de uso y consumo humano</u>, debe ser agradable tolerable para la mayoría de los consumidores, siempre que no sean resultados de condiciones objetables desde el punto de vista biológico o químico.

FÍSICAS

Las propiedades físicas se determinan por métodos analíticos de laboratorio y pueden ser entre otras:

1. Color

El color del agua se debe a la presencia materia orgánica o inorgánica. Se establece como Color Aparente cuando lo producen las sustancias disueltas y suspendidas. Si se elimina toda la turbidez del agua se determina Color Puro.

2. Turbidez

La turbidez es una expresión de la propiedad óptica que origina que la luz se disperse y absorba en vez de transmitirse en línea recta a través de la muestra.

3. Conductividad

La conductividad es una expresión numérica de la capacidad de una solución para transportar una corriente eléctrica. Esta capacidad depende de la presencia de iones y de su concentración total.

4. Temperatura

La temperatura es la medición de la sensación de calor o frío. Es importante ya que a través de ella se detecta un impacto ecológico significativo.

5. Materia Flotable.

Por medio de este análisis se identifican las partículas con menor densidad que el agua y es una prueba cualitativa que reporta presencia o ausencia de materia flotable.

6. Sólidos

Los análisis de sólidos son importantes en el control de procesos de tratamiento biológico y físico de las aguas y para vigilar el cumplimiento de la normatividad existente. A continuación se presenta la clasificación completa de estos componentes físicos:

Sólidos totales: Se define como la materia que permanece como residuo después de la evaporación y secado a 103ºC. El valor de los sólidos totales incluye material disuelto y no disuelto (sólidos suspendidos).

Sólidos suspendidos: Son los residuos no filtrables o material no disuelto.

Sólidos volátiles y sólidos fijos: En aguas residuales y lodos, se acostumbra hacer esta determinación con el fin de obtener una medida de la cantidad de materia orgánica presente.

El contenido de sólidos volátiles se interpreta en términos de materia orgánica, teniendo en cuenta que a 550ºC, la materia orgánica se oxida a una velocidad razonable formando CO_2 y H_2O que se volatilizan. Sin embargo, la interpretación no es exacta puesto que la pérdida de peso incluye también pérdidas debidas a descomposición o volatilización de ciertas sales minerales. Compuestos de amonio como el bicarbonato de amonio se volatilizan completamente durante la calcinación:

$$NH_4HCO_3 \rightarrow NH_3 \uparrow + H_2O \uparrow + CO_2 \uparrow$$

Otros como el carbonato de magnesio no son estables:

$$MgCO3 \xrightarrow[350ºC]{\Delta} MgO + CO2 \uparrow$$

En la práctica se prefiere cuantificar el contenido de materia orgánica en aguas mediante ensayos como el de la Demanda Química de Oxígeno (DQO) o el de la Demanda Bioquímica de Oxígeno (DBO).

Sólidos sedimentables: La denominación se aplica a los sólidos en suspensión que se sedimentarán, bajo condiciones tranquilas, por acción de la gravedad.

Es importante, usar recipientes previamente acondicionados y de peso constante, con el fin de no introducir errores en la determinación. La determinación de sólidos suspendidos totales y sólidos suspendidos volátiles es importante para evaluar la concentración o "fuerza "de aguas residuales y como factores de diseño de unidades de tratamiento biológico secundario.

La determinación de sólidos sedimentables es básica para establecer la necesidad del diseño de tanques de sedimentación como unidades de tratamiento y para controlar su eficiencia.

3. MATERIAL, REACTIVOS, SOLUCIONES Y EQUIPO.

3.1. MATERIAL

- Cápsula de porcelana
- Mechero Fisher
- Pinzas para cápsula de porcelana
- Cono imhoff
- termómetro

- Vasos de precipitado de 50 y 100 mL
- Pipetas graduadas de 5 y 10 mL
- Kitt de ultrafiltración
- Membranas de filtración
- Placa petri

3.2. EQUIPO

- Balanza analítica
- Placa de calentamiento
- Estufa de temperatura controlada
- Desecador
- Mufla
- Bomba de vacío

4. DESARROLLO EXPERIMENTAL Campo de Aplicación

La metodología descrita se recomienda para aguas municipales, envasadas, naturales, residuales y residuales tratadas.

4.1. DETERMINACION DE SÓLIDOS INSTRUCCIONES PARTICULARES

Decantar la muestra para eliminar partículas en suspensión de gran tamaño. Traer por equipo una botella de agua embotellada de 500 mL de alguna marca específica.

4.1.1 SÓLIDOS SEDIMENTABLES

1) Mezclar la muestra a fin de asegurar una distribución homogénea de los sólidos en suspensión.

2) Depositar un litro de la muestra en un cono Imhoff de un litro de capacidad y dejarla reposar durante 45 minutos para que sedimenten los sólidos.

3) Transcurrido este tiempo agitar suavemente, por rotación, para que sedimenten los sólidos adheridos a las paredes de la probeta y dejar reposar la muestra otros 15 minutos.

4) Leer directamente en la probeta los mililitros de sólidos sedimentados.

5) Reportar el contenido de sólidos sedimentables como mililitros de sólidos por litro de muestra.

4.1.2. SÓLIDOS TOTALES

1) Colocar alícuota de 50 mL de muestra de agua residual o tratada en una cápsula de porcelana de peso conocido y constante. También prepare una cápsula con 50 mL de agua potable de alguna marca conocida (ésta le servirá para la siguiente práctica).

2) Si la cápsula que le proporcionen, tiene una capacidad menor a 50 mL, adicione el agua por partes, puede adicionar 20mL, dejar que casi se evaporen y adicionar otros 20 mL, y así hasta completar los 50 mL.

3) Calentar la parrilla hasta sequedad, evitando proyecciones.

4) Introducir la cápsula a una estufa de temperatura constante y controlada a 105oC durante una hora.

5) Determinar el contenido de sólidos totales en la muestra usando la siguiente ecuación.

$$\text{mg de sólidos totales} = \frac{(A-B)* 1000}{\text{volumen de muestra (mL)}}$$

DONDE:

A = Peso del residuo más la cápsula en mg. B = Peso de la cápsula en mg.

NOTA: Conservar la cápsula empleada en la determinación de "sólidos totales" para utilizarla en la determinación de "Dureza de agua". Esta cápsula puede permanecer en la estufa bien etiquetada hasta el inicio de la práctica N° 05.

4.1.3 SÓLIDOS TOTALES DISUELTOS.

1) Filtrar 50 mL de agua a través de un embudo que contenga un papel filtro previamente lavado con agua desionizada.
2) Recolectar el agua filtrada en una cápsula de porcelana en condiciones similares a la de sólidos totales.
3) Continuar de acuerdo al procedimiento indicado para sólidos totales.
4) Determinar el contenido de sólidos totales disueltos en agua.

$$\text{mg de sólidos totales disueltos/L} = \frac{(A-B)*1000}{\text{Volumen de muestra (mL)}}$$

4.1.4 SÓLIDOS TOTALES SUSPENDIDOS.

1) Montar el equipo de ultrafiltración (siguiendo las instrucciones del profesor), utilizar una membrana de nylon de 0.45 µm de diámetro de poro, previamente pesada.
2) Filtrar 50 mL. de muestra.
3) Lavar el residuo depositado sobre la membrana con 3 porciones de 10 mL de agua desionizada previamente filtrada.
4) Retirar la membrana por medio de pinzas y colocarla en una caja petri de vidrio.
5) Secar la membrana en una estufa de temperatura controlada a 105oC durante una hora.
6) Pesar la membrana y determinar el contenido de sólidos totales suspendidos en la muestra de acuerdo a la siguiente ecuación.

$$\text{mg de sólidos totales suspendidos/L} = \frac{(A-B)*1000}{\text{vol. de muestra (mL)}}$$

DONDE:

A = Peso del residuo más la membrana, en mg.

B = Peso de la membrana en mg.

5. RESULTADOS.

- Anotar en una tabla los resultados obtenidos.
- Analizar los resultados obtenidos al compararlos con los datos de la normatividad vigente consultada., anotando los límites máximos permitidos.

6. CUESTIONARIO

- Buscar en la literatura o en normas vigentes los valores permisibles para los parámetros analizados

PRACTICA N° 06

DETERMINACIÓN DE DUREZA EN AGUA

1. OBJETIVOS

a) Identificar los iones que provocan la dureza en el agua.

b) Cuantificar los carbonatos de calcio y magnesio presentes en el agua.

c) Explicar si la alta o baja concentración carbonatos de calcio y magnesio en el agua, son causa de contaminación.

2. INTRODUCCIÓN

Como aguas duras se consideran aquellas que requieren de cantidades considerables de jabón para producir espuma. La problemática de esta agua en la industria es que producen incrustaciones en las tuberías de agua caliente, calentadores, calderas y otras unidades en las cuales se incrementa la temperatura del agua.

Causas de dureza: En la práctica, se considera que la dureza es causada por iones metálicos divalentes capaces de reaccionar con el jabón para formar precipitados y con ciertos aniones presentes en el agua para formar incrustaciones, esta se expresa en mg / L de Ca CO_3.

Los principales cationes que causan dureza en el agua y los principales aniones asociados con ellos son los siguientes:

Cationes	Aniones
Ca^{2+}	HCO_3
Sr^{2+}	Cl^-
Fe^{2+}	NO_3
Mn^{2+}	SiO_3^{2}
Al^{3+}	Fe^{3+} (en menor grado)

En términos de dureza, las aguas pueden clasificarse así:

0-75 mg/L	Blanda
75-150 mg/L	Moderadamente dura
150-300 mg/L	Dura
>300 mg/L	Muy dura

Desde el punto de vista sanitario, las aguas duras son tan satisfactorias para el consumo humano como las aguas blandas; sin embargo, un agua dura requiere demasiado jabón para la formación de espuma y crea problemas de lavado; además deposita lodo e incrustaciones sobre la superficie con las cuales entra en contacto y en los recipientes, calderas o calentadores en los cuales es calentada. El valor de la dureza determina, por tanto, su conveniencia para su uso doméstico e industrial y la necesidad de un proceso de ablandamiento. El tipo de ablandamiento por usar y su control dependen de la adecuada determinación de la magnitud y clase de dureza.

En la mayoría de las aguas se considera que la **dureza total** es aproximadamente igual a la dureza producida por los iones calcio y magnesio, es decir:

Dureza total = dureza por Ca^{2+} + dureza por Mg^{2+}

Por lo anterior se hace necesario llevar a cabo la identificación y cuantificación de estas sales de carbonato de calcio y magnesio con la finalidad de evaluar la calidad del agua y así destinar esta para un uso adecuado.

El método a emplear para la determinación de iones Ca^{2+} y Mg^{2+} supone el uso de soluciones de ácido etilendiaminotetraacético o de sus sales de sodio como agente titulador. Dicha soluciones forman "iones complejos solubles" con el calcio, magnesio y otros iones causantes de dureza.

La reacción puede presentarse así:

$$M^{++} + EDTA \rightarrow [M: EDTA], \text{ complejo estable}$$

El colorante eriocromo negro T, sirve para indicar cuando todos los iones calcio y magnesio han formado complejo con el EDTA. Cuando se añade una pequeña cantidad de eriocromo negro T (ENT), color azul, a una agua dura con pH de aproximadamente 10.0, el indicador se combina con algunos iones Ca^{++} y Mg^{++} para formar un ion complejo débil de color vino tinto. Es decir:

$$M^{++} + ENT \rightarrow M.ENT$$
(Color azul)   (Complejo color vino tinto)

Durante la titulación con el EDTA todos los iones Ca++ y Mg^{++} (M^{++}) libres forman complejos; finalmente el EDTA descompone el complejo débil vino tinto para formar un complejo más estable con los iones que causan dureza. Esta acción libera el indicador eriocromo negro T (ENT) y la solución pasa de color vino tinto a color azul lo cual indica el punto final de titulación. La reacción puede representarse así:

$$M.ENT + EDTA \rightarrow [M.EDTA]_{complejo} + ENT$$
(complejo vino tinto)   (color azul)

En aguas con alto contenido de Sr^{++}, Fe^{++} y Mn^{++}, se introduce un serio error al suponer que toda la dureza es causada por Ca^{++} y Mg^{++}. En estos casos es conveniente efectuar un análisis completo del agua, determinando separadamente el contenido de cada una de las causas de dureza y calculando la dureza total como la suma de los iones divalentes encontrados en ella.

3. MATERIAL, REACTIVOS, SOLUCIONES Y EQUIPO

3.1. MATERIAL

- 3 Matraces Erlenmeyer de 125ml
- 2 Cápsulas de porcelana
- Pinzas para cápsula de porcelana
- Mufla
- Parrilla de calentamiento
- Soporte universal
- Pipetas graduadas de 5 y 10mL
- Vasos de precipitados de 100 y 250mL

- Bureta de 25mL
- Pinzas para bureta
- Embudo de talle largo
- Potenciómetro
- Electrodo de pH
- Soluciones reguladoras de pH=4 y pH=7
- Pipeta volumétrica de 25 mL

3.2. REACTIVOS Y SOLUCIONES

- Agua destilada
- Solución de Hidróxido de sodio 0.01N (para valorar la soln. de EDTA)
- Solución de EDTA 0.01N
- Solución alcohólica (50:50) de fenolftaleína al 1% w (indicador)
- Eriocromo negro T
- Solución de HCl 1.0N
- Solución de NaOH 1.0N
- Solución reguladora de amonios de pH 9.2
  a) Preparar 500ml de una solución de cloruro de amonio (NH_4Cl) 0.1 N.
  b) Preparar 500 ml de una solución de Hidróxido de amonio (NH_4OH) 0.1N.
  c) Adicionar la solución de Hidróxido de amonio 0.1 N a la solución de Cloruro de Amonio 0.1N hasta obtener el pH de 9.2.

4. DESARROLLO EXPERIMENTAL

Campo de Aplicación

La metodología descrita se recomienda para aguas municipales, envasadas, naturales, residuales y residuales tratadas.

4.1. INSTRUCCIONES PARTICULARES

Para la determinación de dureza del agua, es necesario valorar la solución de EDTA como sigue:

- Llenar una bureta limpia de 25 mL con NaOH 0.01N (previamente valorado)
- Colocar una alícuota de 20 mL de solución del EDTA a valorar en un matraz Erlenmeyer de 250mL.
- Agregar 3 gotas de solución indicadora de fenolftaleína al 1% w.
- Iniciar la valoración agregando con la bureta pequeñas cantidades de solución de NaOH (previamente valorado), hasta el vire de color del indicador (incoloro-rosa).
- Realizar los siguientes cálculos para determinar la concentración de la solución de EDTA.

$$N_{EDTA} \times V_{EDTA} = N_{NaOH} \times V_{NaOH}$$

DONDE:

NEDTA = Normalidad de EDTA buscada

VEDTA = Alícuota de EDTA utilizada

NNaOH = Normalidad del NaOH (Previamente valorado)

VNaOH = Volumen de NaOH gastado en la valoración

- Realizar por triplicado la valoración del EDTA y sacar un promedio de la normalidad obtenida (Nprom.).
- EN ESTE CASO LAS MUESTRAS DE AGUA QUE SE UTILIZARAN, SON LAS MUESTRAS TOMADAS DEL RIO OESTUARIO Y COMPARADA CON AGUA EMBOTELLADA. LOS ALUMNOS DEBERÁN TRAER 0.5 L DE AGUA EMBOTELLADA, DE CUALQUIER MARCA.

4.2. TRATAMIENTO DE LA MUESTRA*:*

a) Tomar una alícuota de 50 ml de muestra de agua tratada en una cápsula de porcelana.

b) Llevar a sequedad en una placa de calentamiento (evitando proyecciones)
NOTA: Es posible emplear la misma cápsula de porcelana usada en la determinación de "sólidos totales"

c) Eliminar la materia coloidal y orgánica mediante calentamiento a 550°C en la mufla aproximadamente por una hora.

d) Redisolver con 20 ml de HCl 1.0 N y neutralizar a pH 7.0 con NaOH 1.0 N.

e) Llevar a 50ml con agua destilada y dejar enfriar a temperatura ambiente.

4.3. DETERMINACIÓN DE DUREZA DEL AGUA

a) Colocar en un matraz erlenmeyer una alícuota de 25 ml de muestra de agua.
b) Adicionar 1 ó 2 ml de solución reguladora de amonios pH 9.2.

b) Adicionar el indicador eriocromo negro T (cantidad indicada por el profesor) y titular la muestra con una solución de EDTA (previamente valorado) hasta el vire del indicador.

c) Calcular la dureza en la muestra analizada como mg de CaCO3/L

d) Lo anterior debe hacerse por duplicado o triplicado.

$$mg\ de\ CaCO_3/L = \frac{A * B * 50000}{Al\acute{i}cuota(ml)}$$

Donde:

A = Normalidad de EDTA (Eq/L) (Nprom.)

B = Volumen gastado de EDTA (mL)

50000 = Peso equivalente de CaCO3 en mg/eq

5. RESULTADOS

1. Anotar en una tabla los resultados obtenidos en la valoración de EDTA y reportar los cálculos de normalidad del EDTA obtenidos.

2. Obtener el % de Error en la valoración de EDTA.

6. CUESTIONARIO

1. Investigar la estructura del EDTA, así como, sus aplicaciones.

2. Anotar en una tabla los resultados obtenidos de dureza del agua e indicar a qué tipo de dureza corresponde y el tipo de agua analizada (envasada, municipal, residual, etc).

3. Revisar como la dureza influye en la vida acuática en aguas continentales y en el área acuícola.

4. Analizar los resultados obtenidos al compararlos con los datos de la normatividad vigente consultada.

PRACTICA N° 07

DETERMINACIÓN DE ACIDEZ EN AGUA

1. OBJETIVOS

a) Conocer y aplicar las técnicas analíticas que le permitan cuantificar las propiedades ácidas del agua

b) Analizar el interés ecológico de las propiedades ácidas del agua.

c) Describir cómo repercute la acidez en la calidad del agua.

2. INTRODUCCIÓN

La acidez de un agua puede definirse como su capacidad para neutralizar bases, como su capacidad para reaccionar con iones hidroxilo, como su capacidad para ceder protones o como la medida de su contenido total de substancias ácidas.

La determinación de la acidez es muy importante en ingeniería debido a las características corrosivas de las aguas ácidas y al costo que supone la remoción y el control de las substancias que producen corrosión. El factor de corrosión en la mayoría de las aguas es el CO_2, especialmente cuando está acompañado de oxígeno, pero en residuos industriales es la acidez mineral. El contenido de CO_2 es, también, un factor muy importante para la estimación de la dosis de cal y sosa en el ablandamiento de aguas duras. En aguas naturales la acidez puede ser producida por el CO_2, por la presencia de iones H^+ libres, por la presencia de acidez mineral proveniente de ácidos fuertes como el sulfúrico, nítrico, clorhídrico, etc., y por la hidrolización de sales de ácido fuerte y base débil. Algunos ejemplos de las reacciones mediante las cuales las causas mencionadas anteriormente producen acidez son las siguientes:

$$CO_2 + H_2O \rightarrow H_2CO_3 \rightarrow HCO_3^- + H^+$$

$$H_2SO_4 \rightarrow SO_4^= + 2H^+$$

$$Al_2(SO_4)_3 + 6H_2O \rightarrow 2Al(OH)_3 + 3SO_4^= + 6H^+$$

$$FeCl_3 + 3H_2O \rightarrow Fe(OH)_3 + 3Cl^- + 3H^+$$

La causa más común de acidez en aguas es el CO_2, el cual puede estar disuelto en el agua como resultado de las reacciones de los coagulantes químicos usados en el tratamiento o de la oxidación de la materia orgánica o por disolución del dióxido de carbono atmosférico. El dióxido de carbono es un gas incoloro, no combustible, 1.53 veces más pesado que el aire ligeramente soluble en agua.

El CO_2 se combina con el agua para formar un ácido débil, inestable, ácido carbónico (H_2CO_3), el cual se descompone muy fácilmente. Por ello todo el CO_2, aun el combinado, se considera como CO_2 libre. La reacción involucrada en la neutralización, para el caso del CO_2, ocurre en dos etapas:

$$2NaOH + CO_2 \rightarrow Na_2CO_3 + H_2O$$

$$Na_2CO_3 + CO_2 + H_2O \rightarrow 2NaHCO_3$$

Globalmente: $\qquad NaOH + CO_2 \rightarrow NaHCO_3$

Toda acidez se titula mediante adición de iones OH- provenientes de una solución de NaOH 0.02 N. Es importante que el reactivo NaOH esté libre de carbonato de sodio debido a las reacciones que se presentaron anteriormente.

El valor de la acidez total (At) al punto de vire de la fenolftaleína incluye la acidez mineral (AM), la acidez por sales hidrolizadas de carácter ácido (SH) y la acidez por CO_2. Se acostumbra a expresar como sigue:

$$At = AM + SH + CO_2$$

El valor de la acidez al punto de vire del anaranjado de metilo (M) representa únicamente la acidez mineral (AM), es decir: M = AM.

3. MATERIAL, REACTIVOS, SOLUCIONES Y EQUIPO.

3.1. MATERIAL

- Matraces Erlenmeyer de 125mL
- Pipetas graduadas de 5 y 10mL
- Pipeta volumétrica de 25 mL
- Vasos de precipitados de 100 y 250mL
- Bureta de 25mL
- Pinzas para bureta
- Soporte universal

3.2. EQUIPO

- Potenciómetro
- Electrodo de pH

3.3. REACTIVOS

- Agua destilada
- Hidróxido de sodio
- Anaranjado de metilo
- Fenolftaleína
- Etanol

3.4. SOLUCIONES

- Fenolftaleína al 1%w en solución etanol-agua (50:50)
- Solución acuosa de anaranjado de metilo al 1% w
- Solución acuosa de hidróxido de sodio 0.02 N
- Soluciones reguladoras de pH = 4 y pH = 7.0

4. DESARROLLO EXPERIMENTAL

Campo de Aplicación

La metodología descrita se recomienda para aguas naturales, municipales, envasadas, residuales y residuales tratadas.

4.1. INSTRUCCIONES PARTICULARES

a) Colocar aproximadamente 20 a 30 mL de cada una de sus muestras por separado (natural o residual, y agua de marca), determinar el pH de cada muestra de agua utilizando el potenciómetro previamente calibrado.

b) Dependiendo del valor de pH obtenido determine acidez o alcalinidad (sí el pH es menor o igual a 6, determine acidez y continuar con esta práctica; si el pH es de 8 o mayor, determine alcalinidad que es la siguiente práctica)

c) Hacer la determinación tan rápido como sea posible, evitando agitar o mezclar vigorosamente.

d) Hacer la determinación a una temperatura igual o menor a la temperatura de recolección de la muestra

e) No remover sólidos en suspensión, grasos o precipitados, ya que estos pueden contribuir a la acidez de la muestra. Si la muestra es obscura, turbia o colorida no usar indicadores ácido-base.

f) Es necesario realizar la valoración de la solución de hidróxido de sodio preparada, empleando para ello un estándar primario (Biftalato de potasio) como sigue:

I. Colocar en una bureta limpia la solución de NaOH a valorar.

II. Pesar en balanza analítica exactamente alrededor de 0.04g de biftalato de potasio (previamente desecado a 105-110ºC durante una hora) en un matraz Erlenmeyer de 250 mL.

III. Agregar aproximadamente 30 mL de agua o hasta la disolución de la sal de biftalato de potasio (BFK),

IV. Agregar 3 gotas de fenolftaleína al 1% en solución alcohólica (50:50) (al agregar el indicador la solución es incolora).

V. Iniciar la valoración agregando con la bureta pequeñas cantidades de solución de NaOH, hasta que aparezca un ligero color rosa persistente por 30 segundos por lo menos.

VI. Anotar el volumen de hidróxido de sodio agregado y determinar la normalidad de la solución de NaOH.

VII. Realizar lo anterior por triplicado y obtener la normalidad promedio (NPROM) de las normalidades obtenidas de acuerdo a la siguiente ecuación:

$$N_{NaOH} = \frac{\text{w del BFK (g)}}{\textbf{Vol. NaOH gastado (L) x Peq biftalato (g/eq)}}$$

4.2. DETERMINACIÓN DE ACIDEZ MINERAL

En general, para que exista acidez mineral el pH debe ser menor de 4.5.

a) Si su muestra cumple con el requisito de pH, colocar en un matraz Erlenmeyer una alícuota de 30ml de muestra. (En caso de que la muestra tenga un pH mayor a 4.5, no hacer este análisis y se reporta sin aplicación para acidez mineral).

b) Adicionar unas gotas de anaranjado de metilo y titular con NaOH (previamente valorada) hasta el vire del color del indicador.

c) Anotar el volumen obtenido en la determinación de acidez mineral de la muestra

d) Reportar la acidez de la muestra como mg de CaCO3/L.

$$\text{mg de CaCO}_3/L = \frac{A * B * 50000}{\textit{Volumen de la muestra (ml)}}$$

Donde: A = ml gastados de NaOH

B = Normalidad de NaOH (obtenida de la valoración).

4.3. DETERMINACIÓN DE ACIDEZ TOTAL

a) Colocar en un matraz Erlenmeyer una alícuota de 30ml de la muestra

b) Adicionar unas gotas de fenolftaleína y titular con NaOH (previamente valorado) hasta el vire del indicador.

c) Determinar la acidez total de la muestra.

$$\text{mg de } CaCO_3/L = \frac{A * B * 50000}{\textit{Volumen de la muestra (ml)}}$$

Donde: A = ml gastados de NaOH.

B = Normalidad de NaOH (obtenida de la valoración).

50000 = Pmeq del CaCO3

5. RESULTADOS

- Anotar en una tabla los resultados obtenidos en la valoración de NaOH y reportar los cálculos de normalidad de NaOH.

- Obtener el % de Error en la valoración de NaOH.

- Anotar en una tabla los resultados obtenidos de acidez total y en su caso acidez mineral.

6. CUESTIONARIO

- Buscar en la literatura o en normas vigentes los valores permisibles para el parámetro analizado.

- Analizar los resultados obtenidos al compararlos con los datos de la normatividad vigente consultada y si son adecuados para la acuicultura.

PRACTICA N° 08

DETERMINACIÓN DE ALCALINIDAD EN AGUA

1. OBJETIVOS

a) Determinar la alcalinidad del agua y su relación con el pH.

b) Señalar si un agua alcalina, es causa de contaminación.

c) Cuantificar los iones que provocan la alcalinidad del agua.

2. INTRODUCCIÓN

La alcalinidad de un agua puede definirse como su capacidad para neutralizar ácidos, como su capacidad para reaccionar con iones hidrógeno, como su capacidad para aceptar protones o como la medida de su contenido total de substancias alcalinas (OH^-). La determinación de la alcalinidad total y de las distintas formas de alcalinidad es importante en los procesos de coagulación química, ablandamiento, control de corrosión y evaluación de la capacidad tampón de un agua, es una medida práctica de la capacidad del manto acuífero de contrarrestar la acidificación cuando precipita el agua de lluvia ácida en él.

La alcalinidad es debida generalmente a la presencia de tres clases de iones:
1.- Bicarbonatos,   2.- Carbonatos,   3.- Hidróxidos

$$ALCALINIDAD\ TOTAL = 2[CO_3] + [HCO_3] + [OH] - [H]$$

El factor dos delante de la concentración de ión carbonato se debe a que la presencia de iones H+ está controlada, en primer lugar, por el ion bicarbonato, que luego es convertido por un segundo ión hidrógeno a ácido carbónico:

$$CO_3^{2-} + H^+ ========== \Uparrow HCO_3$$
$$HCO_3^- + H^+ ========== \Uparrow H_2CO_3$$

En algunos suelos es posible encontrar otras clases de compuestos (boratos, silicatos, fosfatos, etc.) que contribuyen a su alcalinidad; sin embargo, en la práctica la contribución de éstos es insignificante y puede ignorarse. La alcalinidad del suelo se determina por titulación con ácido sulfúrico 0.02 N y se expresa como mg/l de carbonato de calcio equivalente a la alcalinidad determinada. Los iones H+ procedentes de la solución 0.02 N del ácido neutralizan los iones OH- libres y los disociados por concepto de la hidrólisis de carbonatos y bicarbonatos.

En la titulación con H2SO4 0.02 N, los iones hidrógeno del ácido reaccionan con la alcalinidad de acuerdo con las siguientes ecuaciones:

$$H^+ + OH^- \Longleftarrow\Uparrow H_2O$$

$$H^+ + CO_3 \Longleftarrow\Uparrow HCO_3$$

$$H^+ + HCO_3 \Longleftarrow\Uparrow H_2CO_3$$

La titulación se efectúa en dos etapas sucesivas, definidas por los puntos de equivalencia para los bicarbonatos y el ácido carbónico, los cuales se indican electrométricamente por medio de indicadores.

El métodos clásico para el cálculo de la alcalinidad total y de las distintas formas de alcalinidad (hidróxidos, carbonatos y bicarbonatos) consiste en la observación de las curvas de titulación para estos compuestos, suponiendo que la alcalinidad por hidróxidos y carbonatos no pueden coexistir en la misma muestra (fig. 1).

De las curvas de titulación, obtenidas experimentalmente, se puede observar lo siguiente:

- La concentración de iones OH- libres se neutraliza cuando ocurre el cambio brusco de Ph a un valor mayor de 8.3.
- La mitad de los carbonatos se neutraliza a pH 8.3 y la totalidad a pH de 4.5
- Los bicarbonatos son neutralizados a pH 4.5.

a)

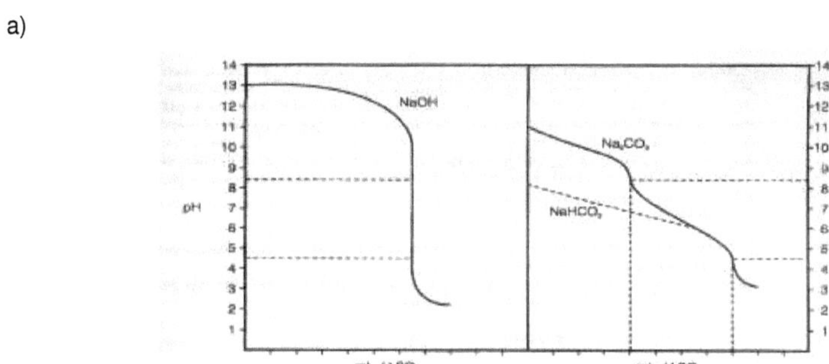

b)

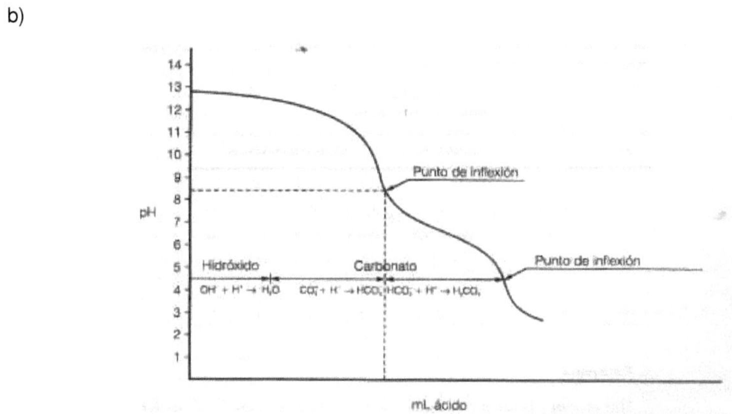

Figura 1. Curvas de titulación (**a**) para bases y (**b**) para una mezcla de hidróxido-carbonato.

En la coagulación química del agua, las substancias usadas como coagulantes reaccionan para formar precipitados de hidróxidos solubles. Los iones H^+ originados reaccionan con la alcalinidad del agua y, por lo tanto, la alcalinidad actúa como buffer del agua en un intervalo de pH en que el coagulante puede ser efectivo.

Los suelos que son demasiado alcalinos para aplicaciones agrícolas pueden remediarse por adición de azufre elemental, el cual libera iones hidrógeno a medida que el azufre se va oxidando a sulfato por mediación de las bacterias, o por adición de una sal de sulfato como la del Fe(III) o aluminio, las cuales reaccionan con el agua del suelo para extraer iones hidróxido y liberar iones hidrógeno.

$$2S_{(s)} + 3O_2 + 2H_2O \ \text{------------Æ} \ 4H^+ + 2SO_4{}^{2-}$$

$$Fe^{3+} + 3H_2O \ \text{------------------Æ} \ Fe(OH)_{3(s)} + 3H^+$$

3. MATERIAL, REACTIVOS Y SOLUCIONES

3.1. MATERIAL

- Matraces erlenmeyer de 125mL
- Pipetas graduadas de 5 y 10mL
- Pipeta volumétrica de 25 mL
- Vasos de precipitados de 100 y 250mL
- Bureta de 25mL
- Pinzas para bureta
- Soporte universal

3.2. REACTIVOS

- Agua destilada
- Hidróxido de sodio
- Anaranjado de metilo
- Fenolftaleína

3.3. SOLUCIONES

- Ácido sulfúrico 0.02 N
- Fenolftaleína al 1% en solución alcohólica (50:50)

4. DESARROLLO EXPERIMENTAL

Campo de Aplicación

La metodología descrita se recomienda para aguas naturales, municipales, envasadas, residuales y residuales tratadas.

4.1. INSTRUCCIÓN PARTICULAR

Esta práctica se realiza solo si el agua posee un valor de pH mayor a 6.0

Es necesario realizar la valoración de la solución del ácido Sulfúrico preparada, empleando para ello un estándar primario (Carbonato de Sodio) como sigue:

- Colocar en una bureta limpia la solución de H_2SO_4 a valorar.
- Pesar en balanza analítica exactamente alrededor de 9 mg de carbonato de sodio (Previamente desecado a 105-110ºC durante una hora) en un matraz Erlenmeyer de 250 mL.
- Agregar aproximadamente 30 mL de agua o hasta la disolución de la sal del carbonato de sodio
- Agregar 3 gotas de anaranjado de metilo al 1% w (al agregar el indicador la solución se torna amarilla).
- Iniciar la valoración agregando con la bureta pequeñas cantidades de solución de H_2SO_4, hasta que aparezca un ligero color canela persistente por 30 segundos por lo menos.
- Anotar el volumen de H_2SO_4 agregado y determinar la normalidad de la solución de H_2SO_4 como sigue:

$$N_{NaOH} = \frac{w\ del\ CaCO3\ (g)}{}$$

Vol. H₂SO₄ gastado (L) x Peq CaCO₃ (g/eqRealizar lo anterior por triplicado y obtener una normalidad promedio (Nprom.)

4.2. DETERMINACIÓN DE ALCALINIDAD TOTAL

a) Colocar en un vaso de precipitados una alícuota de 50ml de muestra.

b) Titular potenciométricamente la muestra con H_2SO_4 (previamente valorada) realizando adiciones de 0.5 en 0.5 ml hasta lograr un pH igual a 2.

c) Realizar una gráfica pH Vs Vol de H_2SO_4 gastado y determinar A (ml gastados de H_2SO_4 en el punto de equivalencia).

d) Determinar la alcalinidad total de la muestra como mg de CaCO₃/L.

$$mg \ de \ CaCO_3/L = \frac{A * B * 50000}{volumen\,de\,la\,muestra\,(ml)}$$

Donde: A = ml gastados de H2SO₄

B = Normalidad de H2SO₄ (obtenida en la valoración)

4.3. DETERMINACIÓN DE ALCALINIDAD A LA FENOLFTALEINA

a) Colocar en un matraz erlenmeyer una alícuota de 25 mL de muestra.

b) Adicionar unas gotas de fenolftaleína y si la solución se torna a un color rosa, titular con solución de H2SO4 (previamente valorada) hasta el vire de color del indicador.

c) Determinar la alcalinidad a la fenolftaleína de la muestra como mg de CaCO3/L

d) Si la solución no se torna de color rosa, la alcalinidad a la fenolftaleína es cero, por lo tanto la alcalinidad es debida solo a iones CO₃ y HCO₃.

$$mg \ de \ CaCO_3/L = \frac{A * B * 50000}{volumen\,de\,la\,muestra\,(ml)}$$

Donde: A = Mi gastados de H2SO₄

B = Normalidad de H2SO₄

5. RESULTADOS.

* Anotar en una tabla los resultados obtenidos en la valoración de H_2SO_4 y reportar los cálculos de normalidad del H_2SO_4 que resulta.
* Obtener el % de Error en la valoración de H_2SO_4.
* Anotar en una tabla los resultados obtenidos de alcalinidad total y en su caso alcalinidad a la fenolftaleína.
* Analizar los resultados obtenidos al compararlos con los datos de la normatividad vigente consultada.

6. CUESTIONARIO

* En qué casos se dice que la alcalinidad sólo es debida a los iones $CO3^=$ y HCO_3 Explique.
* Buscar en la literatura o en normas vigentes con los valores permisibles del parámetro analizado.
* Investigar si existe algún daño en seres vivos por exceso de carbonatos.

PRACTICA N° 09

DETERMINACIÓN DE CLORUROS

1. OBJETIVOS

a) Realizar un análisis cuantitativo de los cloruros presentes en el agua.

b) Señalar si la alta o baja concentración de cloruros en el agua, son causa de contaminación de la misma.

2. INTRODUCCIÓN

El ion cloruro es una de las especies de cloro de importancia en aguas. Las principales formas de cloro en aguas y su correspondiente Número de oxidación son:

COMPUESTO	NOMBRE	No. DE OXIDACION
HCl	ACIDO CLORHÍDRICO	-1
Cl^-	ION CLORURO	-1
Cl_2	CLORO MOLECULAR	0
$HOCl$	ACIDO HIPOCLOROSO	1
$OCl-$	ION HIPOCLORITO	1
$HClO_2$	ACIDO CLOROSO	3
ClO_2	ION CLORITO	3
ClO_2	DIOXIDO DE CLORO	4
$HClO_3$	ACIDO CLORICO	5
ClO_3	ION CLORATO	5

Los cloruros aparecen en todas las aguas naturales en concentraciones que varían ampliamente. En las aguas de mar el nivel de cloruros es muy alto, en promedio de 19,000 mg/litro; constituyen el anión predominante. En aguas superficiales, sin embargo, su contenido es generalmente menor que el de los bicarbonatos y sulfatos.

Los cloruros logran acceso a las aguas naturales en muchas formas: El poder disolvente del agua introduce cloruros de la capa vegetal y de las formaciones más profundas; las aguas de mar son más densas y fluyen aguas arriba a través del agua dulce de los ríos que fluyen aguas abajo, ocasionando una mezcla constante de agua salada con el agua dulce.

Las aguas subterráneas en áreas adyacentes al océano están en equilibrio hidrostático con el agua de mar. Un sobre bombeo de las aguas subterráneas produce una diferencia de hidrostática en favor del agua de mar haciendo que ésta se introduzca en el área de agua dulce.

Los excrementos humanos, principalmente la orina, contienen cloruros en una cantidad casi igual a la de los cloruros consumidos con los alimentos y agua. Esta cantidad es en promedio unos 6 gramos de cloruros por persona por día, e incrementa el contenido de Cl^- en las aguas residuales en unos 20 mg/L por encima del contenido propio del agua. Por consiguiente, los efluentes de aguas residuales añaden cantidades considerables de cloruros a las fuentes receptoras.

Muchos residuos industriales contienen cantidades apreciables de cloruros (Cl^-). Los cloruros (Cl^-), en concentraciones razonables no son peligrosos para la salud y son un elemento esencial para las plantas y animales. En concentraciones por encima de 250 mg/L producen un sabor salado en el agua, el cual es rechazado por el consumidor; para consumo humano el contenido de cloruros se limita a 250 mg/L. Sin embargo, hay áreas donde se consumen aguas con 2000 mg/L de cloruros, sin efectos adversos, gracias a la adaptación del organismo. Antes de descubrir los ensayos bacteriológicos se usaron los ensayos de cloruros para detectar contaminación por aguas residuales y por residuos industriales.

Para el análisis de cloruros en agua, se toma una muestra, a la que se le determina los cloruros por el método de Mohr. El método se basa en que la titulación del ion cloruro es precipitado como cloruro de plata blanco. La reacción puede representarse de la siguiente manera:

$$Cl^- + AgNO_3 \rightarrow AgCl\downarrow + NO_3$$

El punto final de titulación puede detectarse usando un indicador capaz de demostrar la presencia de exceso de iones Ag^+. El indicador usado es el cromato de potasio (K_2CrO_4) el cual, en solución suministra iones cromato (CrO_4^-). Cuando la concentración de iones cloruro se acerca a su extinción, la concentración de iones plata aumenta hasta exceder el producto de solubilidad del cromato de plata y en ese instante comienza a formarse un precipitado amarillo-rojizo:

$$2Ag^+ + CrO_4^{2-} \rightarrow Ag_2CrO_4\downarrow$$

$$\text{Amarillo} \qquad \text{pptado amarillo-rojizo}$$

La formación del precipitado amarillo-rojizo se toma como evidencia de que todos los cloruros han sido precipitados. Como se necesita un exceso de ión Ag^+ para producir una cantidad visible de Ag_2CrO_4, el error debe determinarse y deducirse del total de la solución gastada de nitrato de plata. El error es generalmente de 0.2-0.8 mL de solución tituladora. Además, para evitar precipitación del ión Ag+, como AgOH, a pH alto y la conversión del CrO <= en CrO = a pH bajo, la muestra debe neutralizarse o hacerse ligeramente alcalina.

3. MATERIAL, REACTIVOS, SOLUCIONES Y EQUIPO,

3.1. MATERIAL Y EQUIPO

- 3 Matraces erlenmeyer de 125ml
- Soporte universal
- Pipeta volumétrica de 25 mL
- Vasos de precipitados de 100 y 250mL
- Bureta de 25mL
- Pinzas para bureta

3.2. REACTIVOS Y SOLUCIONES

- Agua destilada
- Solución indicadora de K_2CrO_4 1% w
- Solución de $AgNO_3$ 0.01N

4. DESARROLLO EXPERIMENTAL

Campo de Aplicación

La metodología descrita se recomienda para aguas naturales, municipales, envasadas y residuales tratadas.

4.1. INSTRUCCIONES PARTICULARES

Para la determinación de cloruros en muestra de agua se emplea una solución de $AgNO_3$ 0.01 N (USAR 0.1N, si la muestra tiene alta concentración de cloruros., por ejemplo agua clorada) la cual se debe valorar de la siguiente manera:

a) Pesar en un matraz Erlenmeyer y en balanza analítica exactamente alrededor de 6 mg de NaCl (secado previamente en la estufa a 105-110ºC por 1 hora).

b) Agregar 30 mL de agua destilada al matraz Erlenmeyer.

c) Agregar 3 gotas solución de cromato de potasio como indicador a la solución anterior (la solución se tornará color amarillo).

d) Llenar una bureta limpia con solución preparada de $AgNO_3$

e) Iniciar la valoración agregando con la bureta pequeñas cantidades de la solución preparada de $AgNO_3$.

f) Detener la valoración hasta el vire de color del indicador. (amarillo a color melón) y anotar el volumen gastado de $AgNO_3$, determinar la normalidad de la solución de $AgNO_3$ como sigue:

$$N_{AgNO3} = \frac{w \text{ del NaCl (g)}}{\text{Vol. } AgNO_3 \text{ gastado (L) x Peq NaCl (g/eq)}}$$

Realizar lo anterior por triplicado y obtener una normalidad promedio de $AgNO_3$ ($N_{prom.}$)

4.2. DETERMINACIÓN DE CLORUROS.

a) En un matraz erlenmeyer colocar una alícuota de 100 ml de muestra o una porción adecuada diluida a 100 ml.

b) La muestra debe tener un pH ligeramente alcalino, de no ser así, agregar ácido o base hasta obtener un pH mayor de 7).

c) Si la muestra tiene mucho color añádanse 3 ml de suspensión de Al $(OH)_3$ y mezclar, dejar sedimentar y filtrar.

d) Si la muestra tiene tiosulfato añadir 1 ml de H_2O_2 y agitar durante 1 minuto

e) Añadir 1 ml de solución indicadora de K_2CrO_4.

f) Titular con solución patrón de $AgNO_3$ hasta un punto final amarillo rosado (salmón).

g) Calcular el contenido de cloruros en la muestra

$$\text{mg de } Cl^-/L = \frac{A * N * 35450}{Al\acute{\imath}cuota\ (ml)}$$

Donde: A = Volumen real de $AgNO_3$ gastado (mL)

N = Normalidad de $AgNO_3$

Realizar lo anterior por triplicado.

5. RESULTADOS.

- ❖ Anotar en una tabla los resultados obtenidos en la valoración de $AgNO_3$ y reportar.
- ❖ Los cálculos de normalidad del $AgNO_3$ que resulta.
- ❖ Obtener el % de Error en la valoración de $AgNO_3$.
- ❖ Anotar en una tabla los resultados obtenidos de mg de Cl^-/L

6. CUESTIONARIO

- ❖ Buscar en la literatura o en normas vigentes con los valores permisibles del parámetro analizado.
- ❖ Analizar los resultados obtenidos al compararlos con los datos de la normatividad vigente consultada.
- ❖ Anexar la norma vigente al reporte escrito.
- ❖ Explique si los presencia de cloruros es adecuado en la vida acuática de aguas continentales.

<u>**PRACTICA N° 10**</u>

<u>**DETERMINACIÓN DE FIERRO EN AGUA POR METODOS ELECTROQUIMICOS**</u>

1. OBJETIVO.

a) Determinar cuantitativamente la concentración del fierro como contaminante en cuerpos de agua y su impacto ambiental.

b) Aplicar los conocimientos sobre la teoría de óxido reducción.

2. INTRODUCCIÓN.

El potencial normal termodinámico o verdadero $E^°$ de los sistemas redox conformados por especies receptoras de partículas con pares electrónicos libres se modifica en función de la fuerza y de la actividad química de cada ligando que compleje a estas partículas, por lo que el valor numérico del potencial dependerá de las condiciones que prevalezcan en el medio donde se efectúa la reacción a este parámetro se le denomina potencial normal aparente E.

El sistema férrico-ferroso participa en forma específica en un gran número de procesos biológicos relacionados con el transporte de oxígeno y de los electrones en el ámbito celular. La gran versatilidad biológica que presenta el sistema férrico-ferroso se deriva principalmente de la influencia que ejerce el fenómeno de complejación sobre el proceso de transferencia electrónica en donde participa dicho sistema.

En la valoración potenciométrica del ión ferroso por ión dicromato en los medios perclórico, sulfúrico y fosfórico se tienen diferencias en el comportamiento de las curvas de valoración debido a que las interacciones que se presentan entre los aceptores férrico-ferroso y los ligandos perclorato, sulfato y fosfato son de diferente magnitud, y por lo tanto las constantes respectivas de disociación de los complejos formados son distintas.

El fenómeno de óxido-reducción se caracteriza debido a que cuando se realizan estas reacciones, algunas de las especies químicas (átomos, iones o moléculas) manifiestan una pérdida o ganancia de electrones. En las reacciones de óxido-reducción, los electrones no pueden existir en forma libre. Para que un átomo o ión acepte electrones (reduciéndose), debe existir un átomo o ión que los proporcione (oxidándose) dando origen a los conceptos de agentes oxidante y reductor respectivamente.

Los agentes oxidantes son por lo tanto especies químicas capaces de aceptar electrones. Los agentes reductores son por el contrario especies químicas capaces de ceder electrones. Tanto los agentes oxidantes como los agentes reductores se pueden clasificar en función de su fuerza iónica (capacidad que presentan para donar o aceptar los electrones con mayor o menor facilidad), para lo que se hace uso de las reacciones electroquímicas, las cuales se verifican mediante una celda electroquímica que involucra un par de electrodos, realizándose en uno de ellos el proceso de oxidación (ánodo) y en el otro el proceso de reducción (cátodo).

El fenómeno de óxido-reducción en las celdas electroquímicas se rige por medio de la Ley de Nernst expresada como se indica a continuación:

$$E = E^0 + \frac{RT}{nF} \log [\,Ox\,] / [\,Red\,] = E^0 + (0.058/n) \log [\,Ox\,] / [\,Red\,]$$

El electrodo de hidrógeno es el electrodo de referencia que permite clasificar los diferentes sistemas óxido-reductores. El potencial asignado a este electrodo es en forma arbitraria de 0.0 volts, permitiendo construir a una escala de fuerza los diferentes pares óxido- reductores, los cuales permiten predecir la posibilidad de que una reacción química se efectúe o no, esto nos da lo que llamamos comúnmente potencial estándar (E 0) de los pares redox que se encuentran involucrados en la reacción.

En la práctica muchas de las reacciones requieren de otros factores o agentes externos para realizarse (catalizadores), por lo que solamente las reacciones de óxido-reducción que se realizan a gran velocidad pueden aprovecharse para realizar el análisis cuantitativo. Los métodos de análisis para las reacciones de óxido-reducción se pueden clasificar como sigue:

2.1. MÉTODOS DE ANÁLISIS VOLUMÉTRICOS.

En estos métodos se emplea un indicador químico de óxido-reducción, el cual puede ser en algunas ocasiones la misma solución valorada, cuyo cambio de coloración se efectúa dentro de cierto potencial de oxidación característico de cada indicador.

Para estos métodos se hace uso de soluciones valoradas de agentes oxidantes o reductores.

2.2. MÉTODOS DE ANÁLISIS POTENCIOMÉTRICOS DE ÓXIDO-REDUCCIÓN

Los métodos de análisis potenciométricos de óxido-reducción involucran el uso del potenciómetro, cuyos electrodos deben seleccionarse en función de la reacción de óxido- reducción que va a realizarse durante la valoración.

Estos métodos deben emplearse fundamentalmente en las valoraciones en donde los indicadores conocidos presentan dificultades para observar el punto final de una reacción o bien cuando no se consigue un indicador apropiado. El potenciómetro nos permite establecer la diferencia de potencial durante el transcurso de la valoración al realizar variaciones de concentración de los agentes oxidantes y reductores.

3. MATERIAL, REACTIVOS, SOLUCIONES Y EQUIPO.

3.1. MATERIAL Y EQUIPO.

- 2 Vasos de precipitados de 250 ml
- 2 Vasos de precipitados de 50 ml
- 2 Pipetas Graduadas de 10 ml
- Pipeta volumétrica de 20 ml
- Pipeta volumétrica de 5 ml
- Electrodo de platino
- Electrodo saturado de $Ag^{\circ}/AgCl$ (referencia)
- Soporte universal
- Puente salino

- Pinzas para bureta
- Potenciómetro
- Agitador magnético
- Bureta de 50 ml

3.2. REACTIVOS Y SOLUCIONES

- Solución valorada de dicromato de potasio 0.01N
- Sal de Mohr (sulfato ferroso amoniacal)
- Ácido Sulfúrico 9N
- Solución de electrolito (Ca $(NO_3)_2$) 2M
- Solución de agar al 3% en solución saturada de KNO_3

4. DESARROLLO EXPERIMENTAL

Campo de Aplicación

La metodología descrita se recomienda para aguas naturales, municipales, envasadas y residuales tratadas.

4.1. INSTRUCCIONES PARTICULARES

- Manejar en forma cuidadosa los electrodos del potenciómetro debido a que son muy frágiles y pueden romperse.
- Vigilar que los electrodos no toquen las paredes del recipiente con la solución al efectuar las mediciones.
- Introducir los electrodos lenta y cuidadosamente en la solución.
- Evitar que al girar la barra magnética golpee los electrodos.
- Colocar siempre el control del potenciómetro en la posición "STD BY" para sacar o introducir, cambiar o enjuagar los electrodos. Estos deben ser secados con un papel absorbente y suave para que no se rayen.

5. SECCIÓN EXPERIMENTAL.

5.1. DESARROLLO EXPERIMENTAL.

Campo de Aplicación

La metodología descrita se recomienda para aguas municipales, envasadas, naturales y residuales tratadas.

5.1.1. PREPARAR LA SIGUIENTE SOLUCIÓN:

SOLUCIÓN I: En 10 ml de ácido sulfúrico 9N disolver 395 mg de sal de Mohr y aforar con agua destilada a 100ml.

SOLUCIÓN II: Preparar 100 mL de una solución saturada de nitrato de potasio, calentar la solución y agregar   gramos de agar. (Esta solución servirá para construir el puente salino).

5.2. DETERMINACIÓN POTENCIÓMETRICA DE Fe (II) CON Cr(VI) 0.01 N

❖ Tomar una alícuota de 20 ml de la solución I y pasarla a un vaso de ppd de 250 ml.

❖ Introducir el electrodo de Pt a la solución I verificando previamente que esté bien conectado al potenciómetro. (Evitando que la barra magnética toque al electrodo).

❖ Introducir uno de los extremos del puente salino a la solución I y el otro extremo del puente salino introducirlo en un vaso de precipitados de 30 mL que contenga 20 mL de solución de electrolito (Ca $(NO_3)_2$), así como también el electrodo de referencia ($Ag^o/AgCl$) como se muestra en la fig. No.1.

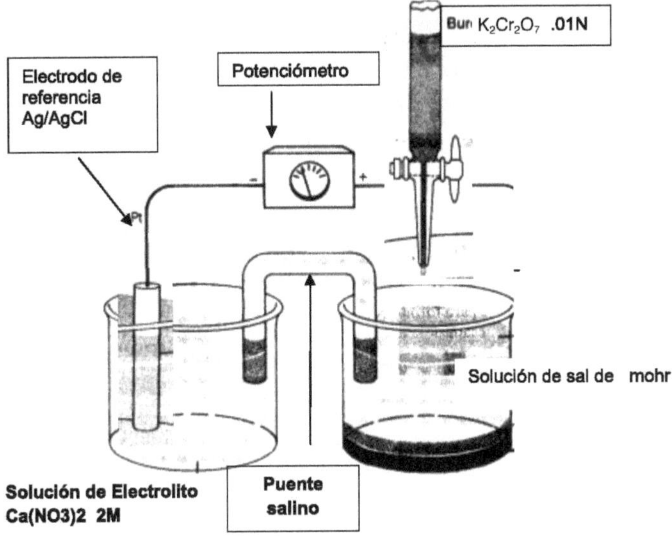

- En la bureta perfectamente limpia, colocar la solución tituladora del reactivo titulante ($K_2Cr_2O_7$ 0.01N) y ajustar el volumen.
- Tomar la lectura de E (mv) inicial cuando V=0 mL.
- Iniciar la valoración agregando volúmenes de 1 ml del reactivo titulante   y anotar la lectura del potencial correspondiente a cada adición hasta llegar a E = 0.90 volts.
- Continuar la adición del agente titulante en volúmenes de 0.2 ml y anotar la lectura del potencial correspondiente a cada adición hasta obtener un potencial E = 1.40 volts.
- Seguir la adición del titulante con volúmenes de 2.0 ml nuevamente haciendo las anotaciones de potencial respectivas a cada adición hasta que el potencial permanezca constante.

6. RESULTADOS

- Graficar los datos obtenidos y obtener la curva de valoración
- Determinar la concentración de los diversos productos.
- Comparar las distintas curvas de valoración de cada una de las soluciones para el sistema ferroso-férrico.
- Determinar la cuantitividad para cada una de las reacciones efectuadas.
- En base a lo anterior determinar condiciones óptimas de titulación para el fierro (II) con cromo (VI).

7. CUESTIONARIO

- Buscar la normatividad que indique si hay límites permisibles de las concentraciones de fierro.
- Investigar los daños ocasionados a los seres vivos por altas concentraciones de fierro.
- En que otros experimentos o aplicaciones se utiliza la ecuación de Nerst

<u>**PRACTICA N° 11**</u>

<u>**ANALISIS DE CONTAMINANTES FENOLICOS EN AGUA POR CROMATOGRAFIA DE LIQUIDOS DE ALTA RESOLUCION (HPLC).**</u>

1. OBJETIVOS

a) Conocer la instrumentación de un cromatógrafo de líquidos.

b) Aplicar la técnica de cromatografía de líquidos en el análisis de contaminantes fenólicos en agua.

c) Conocerá la importancia de identificar y cuantificar los fenoles presentes en Aguas.

2. INTRODUCCIÓN

Los herbicidas fenoxi fueron introducidos al final de la Segunda Guerra Mundial. Ambientalmente, los subproductos contenidos en los herbicidas fenoxi son, a menudo, más preocupantes que los mismos herbicidas. Por esta razón, empezamos estudiando la química del fenol, que es el componente fundamental de estos compuestos.

El clorobenceno reacciona con el NaOH a elevadas temperaturas para substituir el grupo – Cl por –OH dando fenol:

$$C_6H_5Cl \ + \ NaOH \ \rightarrow \ C_6H_5OH \ + NaCl$$

Los fenoles son moderadamente ácidos; en presencia de disoluciones concentradas de una base fuerte, como el NaOH, el hidrógeno del grupo OH se pierde como H^+ (igual que un ácido común), produciéndose el anión fenóxido, C_6H_5O-, en la forma de sal sódica.

La figura No. 1 presenta algunos de los compuestos fenólicos más importantes.

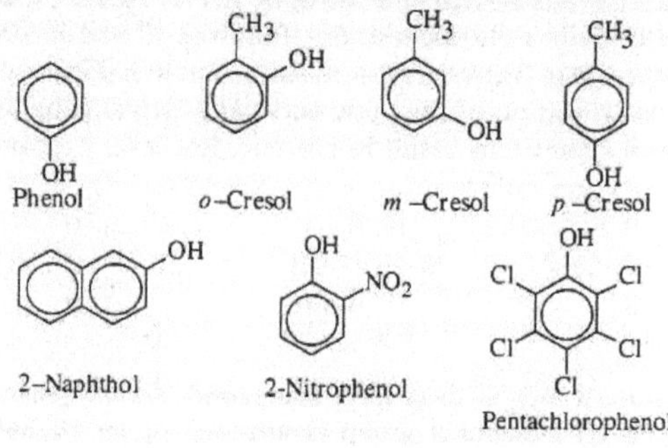

Phenol — o–Cresol — m –Cresol — p –Cresol — 2–Naphthol — 2-Nitrophenol — Pentachlorophenol

Figura 1. Compuestos fenólicos y sus derivados.

Los grupos - NO_2 y halógenos (particularmente cloro) se enlazan fuertemente a los anillos aromáticos afectando las propiedades químicas y toxicológicas de los compuestos fenólicos. Aunque anteriormente los compuestos fenólicos eran empleados sobre heridas y en cirugías, el fenol es un veneno protoplásmico que daña la piel y las células, además es capaz de causar alteraciones nerviosas, severos disturbios gastrointestinales, mal funcionamiento del sistema circulatorio y convulsiones.

Para llevar a cabo la identificación y cuantificación de estos compuestos como contaminantes en agua potable o residual, se emplea la técnica de Cromatografía.

La cromatografía de líquidos es esencialmente un método físico-químico de separación de compuestos, los cuales se distribuyen entre dos fases; una de ellas es la fase estacionaria que es el material de relleno de la columna cromatográfica donde se realizará la separación, mientras que la otra se denomina fase móvil y es la que viaja a través de la columna. Los procesos de separación cromatográficos se dan como resultado de una serie de repetidas adsorciones y desorciones durante el movimiento de los diversos componentes de la muestra a lo largo del lecho estacionario, lográndose la completa separación gracias a las diferencias en los coeficientes de distribución de los mismos.

Un aparato de cromatografía de líquidos consta de las siguientes partes: Sistema de distribución de disolventes (bomba peristáltica), sistema de inyección, columna, detector (sistema UV-Visible, índice de refracción, fluorescencia, conductividad, FTIR, etc) y registrador, Fig. N° 2

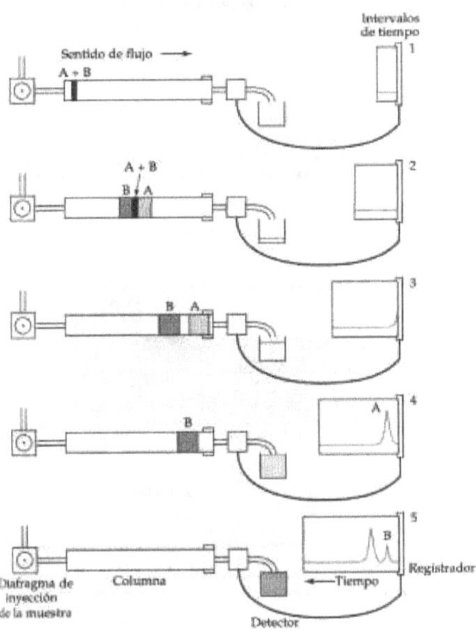

Figura 2. Esquema de un cromatógrafo de líquidos separando una mezcla de dos substancias A y B.

3. MATERIAL, REACTIVOS Y EQUIPO.

3.1. MATERIAL

- Matraces volumétricos de 5mL o 10 ml
- Vasos de precipitados de 10 mL o tubos de ensaye con tapón de rosca.
- Sistema de ultrafiltración para solventes
- Microjeringa de 10µL
- Membranas de filtración para disolventes de 0.045 ó 0.02 micras
- Filtros para jeringa de 0.45 micras de poro.
- Jeringa de vidrio de 5 mL

3.2. EQUIPO

- Columna analítica C-18 fase reversa
- Cromatógrafo de líquidos de alta eficiencia con detector de UV-Visible.
- Balanza analítica
- Sonicador
- Micropipetas de 10-100 µL y de 100 a 1000µL

3.3. REACTIVOS

- Agua desionizada
- Metanol grado HPLC
- Fenol
- Resorcinol
- O-Nitrofenol
- P-Nitrofenol

4. DESARROLLO EXPERIMENTAL

Campo de Aplicación

La metodología descrita se recomienda para aguas naturales, municipales, envasadas, residuales y residuales tratadas.

1) Filtrar 500 ml de metanol grado HPLC (fase móvil B) en el equipo de ultrafiltración, con una membrana de 0.22 micras de poro.

2) Filtrar 500 ml de agua desionizada (fase móvil C) en el equipo de ultrafiltración, con una membrana de 0.22 micras de poro.

3) Degasificar las fases móviles mediante sonicación durante 15 o 20 minutos

4) Preparar 300 mL de una solución metanol-agua (50:50)

5) Utilizar la solución anterior para preparar 50 ml de solución stock de cada uno de los fenoles a una concentración de 0.05 mg / ml.

6) Filtrar las soluciones stock con los filtros para jeringa de 0.45 micras de poro.

7) Establecer las condiciones de trabajo del cromatógrafo de líquidos.

    a. Flujo de fase móvil: 1.5 ml/min.

    b. Longitud de onda: 254 nm.

    c. Atenuación: 64.

    d. Velocidad de carta: 0.5 mm/min

8) Preparar una curva tipo con las siguientes concentraciones en mg/ml. Preparar 5 o 10 mL de cada punto de la curva con la fase móvil metanol-agua (50:50) de acuerdo a la siguiente tabla:

NOMBRE	Solución 1	Solución 2	Solución 3
RESORCINOL	0.061	0.122	0.183
FENOL	0.063	0.126	0.189
O-NITROFENOL	0.035	0.071	0.118
P-NITROFENOL	0.037	0.086	0.124

9) Inyectar por separado 10 µL de cada uno de los fenoles a analizar, para conocer sus tiempos de retención.

10) Inyectar por duplicado cada punto de la curva de calibración.

11) Inyectar la muestra analizar

5. RESULTADOS

- Construir la curva de calibración para cada fenol (área contra concentración).
- Reportar la concentración obtenida de cada uno de los fenoles en la muestra.
- Discutir los resultados obtenidos con respecto a la literatura o normas vigentes.

6. CUESTIONARIO

- Buscar en la literatura o en Normas vigentes los valores permisibles para cada uno de, los fenoles presentes en la muestra.
- investiga que otros métodos o tipos de cromatografía existen para este tipo de análisis.

PRACTICA N° 12

DETERMINACIÓN DE METALES EN AGUA POR ESPECTROSCOPÍA DE ABSORCIÓN ATÓMICA.

1. OBJETIVOS

a) Conocer e identificar las partes de un espectrofotómetro de absorción atómica

b) Aplicar la técnica de espectroscopia de absorción atómica en el análisis cuantitativo de metales en agua.

c) Conocerá la importancia de analizar los metales como contaminantes en agua.

2. INTRODUCCIÓN

En química, metales pesados se refieren a un tipo de elementos químicos que tienen como particularidad que sus densidades son altas en comparación con otros materiales, muchos de los cuales son tóxicos para los seres humanos. Los metales que presentan mayor riesgo ambiental son: Mercurio, plomo, cadmio y arsénico; debido a su uso extensivo, a su toxicidad y amplia distribución.

Los metales pesados se encuentras cerca de la parte inferior de la tabla periódica por lo que sus densidades son altas en comparación con otros materiales (tabla N° 1).

SUSTANCIAS	DENSIDAD (g/cm^3)
Hg	13.5
Pb	11.3
Cd	8.7
As	5.8
H_2O	1.0
Mg	1.7
Al	2.7

Aunque asociamos a los metales pesados con la contaminación del agua y de los alimentos, en realidad son transportados en su mayor parte de un lugar a otro a través del aire, como gases o especies adsorbidas, o como especies absorbidas en las partículas materiales suspendidas. Así por ejemplo, cerca de la mitad de la entrada de metales pesados en los lagos es debida a la deposición desde el aire.

Aunque el vapor de mercurio es altamente tóxico, los cuatro metales pesados Hg, Pb, Cd y As, no son particularmente tóxicos como elementos libres en su forma condensada. Sin embargo, los cuatro son peligrosos en forma catiónica y también enlazados a cadenas cortas de átomos de carbono. Bioquímicamente, el mecanismo de su acción tóxica proviene de la fuerte afinidad de los cationes por el azufre. Así, los grupos "sulfidrilos", ⁻SH, los cuales están presentes comúnmente en las enzimas que controlan la velocidad de las reacciones metabólicas críticas en el cuerpo humano, se enlazan fácilmente a los cationes metálicos ingeridos o a las moléculas que contienen los metales. Debido a que el enlace resultante metal-azufre afecta a toda la enzima, este no puede actuar normalmente y la salud humana queda afectada adversamente, y a veces en forma fatal.

Por todo lo anterior es necesario llevar a cabo un estricto control de desechos que contengan todo tipo de contaminantes, así como, un muestreo periódico para analizarlos y así controlar su eliminación al medio ambiente. Existen diversas técnicas para llevar a cabo el análisis de contaminantes ambientales; en este caso en particular se emplea la técnica de absorción atómica para analizar los metales presentes en el agua. A continuación se da una breve introducción a la técnica de espectroscopía de absorción atómica y su aplicación al análisis de metales en agua.

El átomo está constituido por un núcleo rodeado por electrones. Cada elemento tiene un número específico de electrones que está directamente relacionado con el número atómico y que conjuntamente con él, da una estructura orbital, que es única para cada elemento. Los electrones ocupan posiciones orbitales en una forma predecible y ordenada. La configuración más estable y de más bajo contenido energético, es conocida como "estado fundamental" y es la configuración orbital normal para el átomo.

Si a un átomo se le aplica energía de una magnitud apropiada, ésta será absorbida por él e inducirá que el electrón externo sea promovido a un orbital menos estable o "estado excitado". Como el estado es inestable, el átomo inmediatamente o espontáneamente retornará a su orbital inicial estable y emitirá energía radiante equivalente a la cantidad de energía inicialmente absorbida en el proceso de excitación.

La longitud de onda de la energía radiante está directamente relacionada a la transición electrónica que se ha producido, puesto que un elemento dado tiene estructura electrónica única que lo caracteriza; la longitud de onda de la luz emitida es una propiedad específica y característica de cada elemento.

La propiedad de un átomo de absorber luz de longitud de onda específica, es utilizada en la espectrofotometría de absorción atómica, el término más adecuado para caracterizar la absorción de luz en espectrofotometría de absorción es la absorbancia, pues esta cantidad guarda una relación lineal con la concentración, y esta relación está definida por la ley de Beer:

$$A = \varepsilon b C$$

Donde:
A = Absorción; b = longitud de paso óptico; C = concentración en la especie absorbida; ε = absortividad molar

En la espectroscopía de absorción atómica, las muestras se vaporizan a muy altas temperaturas, y las concentraciones de átomos seleccionados se determinan midiendo la absorción o la emisión en sus longitudes de onda características. Debido a su alta sensibilidad y a la facilidad con la cual muchas muestras pueden analizarse, la espectroscopía de absorción atómica ha llegado a ser una de las principales herramientas de la química analítica. Es común determinar concentraciones de analito en niveles de partes por millón (ppm), y en algunos casos se determinan en niveles de partes por mil millones (ppb). Para el análisis de los constituyentes mayores de una muestra problema, ésta suele diluirse a fin de reducir las concentraciones al nivel de partes por millón.

3. MATERIAL, REACTIVOS Y EQUIPO.

3.1. MATERIAL.

- Matraces aforados de 50 mL.
- Pipetas volumétricas de 1, 5 y 10 mL.
- Vasos de precipitados de 250 mL.
- Caja petri o vidrio de reloj

3.2. EQUIPO

- Balanza analítica
- Espectrofotómetro de absorción atómica.
- Lámparas de cátodo hueco del metal a analizar.
- Placa de calentamiento.
- Campana de extracción

3.3. REACTIVOS

- Agua desionizada o bidestilada.
- Reactivo que contenga el metal a analizar grado Q.P.
- Ácido nítrico concentrado.
- Ácido clorhídrico concentrado.

4. DESARROLLO EXPERIMENTAL.

Campo de Aplicación

La metodología descrita se recomienda para aguas naturales, municipales, envasadas, residuales y residuales tratadas.

4.1. PREPARACIÓN DE LA CURVA DE CALIBRACIÓN

1) Preparar 100 mL de una solución patrón que contenga 1000 ppm del metal a analizar.

2) A partir de la solución anterior preparar diluciones de 25 mL de la solución patrón a diferentes concentraciones de acuerdo al intervalo lineal de cada elemento.

3) Analizar los estándares preparados anteriormente por espectroscopía de absorción atómica.

4) Tomar los valores de absorbancia de cada uno de los estándares   y construir la gráfica de absorbancia contra concentración (se construye una curva de calibración para cada metal que se vaya a analizar).

4.2. TRATAMIENTO DE LA MUESTRA

1) Transferir una alícuota de 50 o 100 ml de la muestra de agua bien mezclada a un vaso de precipitado de 250 mL. Agregar 10 ml de HNO3 y/o 10 ml de HCl concentrados.
    NOTA: No emplear HCl para el análisis de Pb en agua.

2) Poner a digerir la muestra en una placa de calentamiento hasta que la digestión sea completa; Esto se indica por un residuo rojo claro, (el color depende de la muestra a analizar), de ser necesario agregar 10 ml de HNO3: HCL (1:1).

3) Interrumpir la digestión; si el volumen final es mayor al volumen del matraz aforado evaporar con precaución a un volumen menor del matraz aforado.

4) Dejar enfriar el vaso de precipitado.

5) Enjuagar con un poco de agua bidestilada las paredes del vaso de precipitado y del vidrio de reloj.

6) En caso de existir precipitado filtrar la muestra para evitar que los silicatos y otros materiales disueltos insolubles obstruyan el atomizador. (Humedecer con agua el papel filtro antes de filtrar).

7) Transferir la solución filtrada a un matraz aforado de 50 o 100 mL., lavando las paredes del vaso de precipitado con agua bidestilada, y aforar con agua bidestilada.

8) La solución obtenida anteriormente se analiza por espectroscopía de A.A, donde se procede a leer su absorbancia.
    NOTA: Si el valor de absorbancia se encuentra fuera del intervalo de absorbancia de la curva de calibración, realizar las diluciones necesarias.

9) Con el valor de absorbancia obtenida de la muestra, se realiza una interpolación en la curva de calibración y se obtiene la concentración del metal analizado.

10) Realizar el procedimiento anterior para cada uno de los metales a analizar.
    NOTA: Si se realizaron diluciones, es necesario afectar por el factor de dilución para el cálculo real de concentración del metal analizado.

5. RESULTADOS Y REPORTE.

- Construir la curva de calibración para cada metal analizado (Absorbancia vs concentración).
- Reportar la concentración de cada uno de los metales presentes en la muestra.
- Buscar en la literatura o en normas vigentes los valores permisibles para cada uno de los metales presentes en la muestra.
- Discutir los resultados obtenidos con respecto a la literatura o normas vigentes.
- Analizar las posibles causas de contaminación por los metales encontrados en las muestras analizadas.

PRACTICA N° 13

PLANCTON

1. OBJETIVOS

a) Identificar fitoplancton en muestras de agua.

b) Reconocer género y especie del plancton en muestras de agua.

2. INTRODUCCIÓN

El plancton es una comunidad acuática constituida por organismos vegetales fotosintéticos (fitoplancton), representados principalmente por microalgas, las cuales forman parte de varios grupos (algas verdes, rojas, diatomeas, fito flagelados, cianobacterias). La mayoría vive sin movimiento, en la zona fotica, suspendidos y a merced de los movimientos del agua. El otro constituyente de esta comunidad es el zooplancton, representado por organismos animales invertebrados, cuya característica distintiva es su tamaño, mayormente microscópico, con movilidad limitada y dependientes de los movimientos verticales y horizontales del agua.

Ambos componentes de esta comunidad se encuentran muy bien representados en ambientes acuáticos que no poseen corriente (lenticos) como lagunas, lagos, bofedales, embalses y estanques.

3. MATERIAL, REACTIVOS Y EQUIPO

3.1. MATERIALES Y EQUIPO

- Microscopio compuesto equipado con oculares de 10 o 12.5, y objetivos de 10x, 40x y 100x.
- Cámara digital acoplada al microscopio.
- Estereoscopio
- Láminas y laminillas de 22 x 40 o 22 x 22.
- Cámara de Sedgwick-Rafter.
- Lámina o placa de Palmer.

- Goteros.
- Pipetas.
- Colorantes (Lugol, azul de metileno, tinta china).

4. DESARROLLO EXPERIMENTAL

4.1. TÉCNICAS ESPECÍFICAS DE ACUERDO AL TAXA

Dependiendo de los grupos presentes y el nivel taxonómico requerido a identificar (familia, género y especie) es preciso aplicar diferentes técnicas de tinción con colorantes específicos como azul de metileno, Lugol o tinta china. Algunos grupos de algas, como las *diatomeas*, requieren tratamientos especiales de destrucción de estructuras, en donde se oxidan las algas y se montan en una resina de alto índice de refracción para poder determinar la especie.

4.1.1. Técnicas de análisis para fitoplancton

a. Cualitativo

Consiste en realizar una identificación de los taxa presentes en la muestra, sin importar su cantidad. Se pueden hacer observaciones al microscopio con lamina-laminilla y realizar tratamientos específicos para cada grupo. Se recomienda hacer revisiones completas de cada lamina con un mínimo de 3 a 5 repeticiones por muestra (el número de repeticiones dependerá de la densidad de la muestra).

b. Cuantitativo

La cuantificación del fitoplancton es realizada estadísticamente, ya que no es posible contar todos los individuos que se encuentran en la muestra. Se recomienda realizar una visualización de la muestra antes de iniciar el recuento, con la finalidad de confeccionar una lista de los taxa presentes en la muestra y tener una idea general de la densidad de organismos.

Existen varios métodos, uno de ellos es el de Sedgwick-Rafter. Para ello, se emplea la placa o cámara del mismo nombre, cuyas dimensiones son de 5 cm de largo por 2 cm de ancho y 1 mm de altura, con capacidad para 1 ml de muestra. El recuento de organismos puede hacerse por campos o por franjas. Se sugiere abarcar el mayor número de campos o franjas para que los resultados sean confiables. Los resultados se dan en número de individuos/ml.

c. Semicuantitativo

Se aplica cuando no se necesita conocer el número exacto de organismos. Se realiza una identificación de la especie y se puede utilizar escalas de abundancia relativa en porcentaje, frecuencia relativa (muy abundante-abundante, frecuente, escaso) o porcentual, en base a un conteo aleatorio o a un estimado en el campo visual de por lo menos 3 a 5 láminas.

d. Método para análisis de pigmentos (clorofila "a")

La concentración de clorofila "a" es una medida indirecta de la biomasa del fitoplancton útil para determinar la productividad primaria de un determinado ecosistema. El procedimiento para su análisis incluye la concentración de fitoplancton, la extracción de pigmentos con una solución acuosa de acetona (90%) y la determinación de la densidad óptica (absorbancia) del extracto mediante un espectrofotómetro (Standard Methods APHA, 2005). Los resultados se dan en μ g/L.

4.1.2. Técnicas de análisis para zooplancton

a. Cualitativo

Consiste en realizar una identificación de los taxa presentes en la muestra sin importar su cantidad. Se pueden hacer observaciones al microscopio con lamina-laminilla. Se recomienda hacer revisiones completas de cada lámina con un mínimo de 3 a 5 repeticiones por muestra. En el caso de que las muestras sean escasa o rala, se recomienda analizarla íntegramente.

b. Cuantitativo

Previamente, se recomienda realizar una visualización de la muestra antes de iniciar el recuento, con la finalidad de confeccionar una lista de los taxa presentes en la muestra y tener una idea general de la densidad de organismos. Para el recuento se utiliza la placa o lamina de Sedgwick-Rafter, cuyas dimensiones son de 5 cm de largo por 2 cm de ancho y 1 mm de altura, con capacidad para 1 ml de muestra. El recuento de organismos puede hacerse por campos o por franjas y en el caso de muestras ralas-escasas el conteo debe ser total.

c. Semicuantitativo

Se aplica cuando no se necesita conocer el número exacto de organismos, se realiza una identificación de la especie y se puede utilizar escalas de abundancia relativa en porcentaje, frecuencia relativa (muy abundante-abundante, frecuente, escaso) o porcentual, en base a un conteo aleatorio o a un estimado en el campo visual de por lo menos 3 a 5 láminas.

5. RESULTADOS Y REPORTE.

- Reportar la los tipos de plancton encontrados en las muestras
- Buscar en la literatura cuales son la variedad de plancton existentes en aguas continentales.
- De acuerdo a los plánctones encontrados y como bioindicadores se puede señalar que existe contaminación.
- Analizar las posibles causas de contaminación por presencia de cierto plancton y su abundancia.

<u>**PRACTICA N° 14**</u>

<u>**BENTOS (MACROINVERTEBRADOS)**</u>

1. OBJETIVOS

a) Identificar macroinvertebrados en muestras recolectadas del rio, estuario o lago.

b) Reconocer género y especie del bento en muestras recolectadas.

2. INTRODUCCIÓN

Se consideran como macroinvertebrados a todos los animales invertebrados que tienen un tamaño superior a 500 μ. Constituyen el grupo dominante en los ríos, aunque también se encuentran en la zona litoral y el fondo de lagos y lagunas. Los macroinvertebrados que habitan en los ecosistemas fluviales están ampliamente representados por diferentes familias de moluscos y larvas de insectos, aunque dependiendo del tipo de rio también pueden ser comunes los crustáceos, oligoquetos, anélidos, nematodos e hirudineos. los productores primarios y, por lo tanto sensibles, al cambio ambiental en ambientes loticos. Esta cualidad ha adquirido un valor importante en el estudio de los lagos, ya que se utilizan como bioindicadores debido a que miden y cuantifican la magnitud del estrés, así como las características del hábitat y la respuesta ecológica al daño de un ecosistema. Las microalgas que lo conforman son sensibles a las fluctuaciones internas del cuerpo de agua y a las condiciones ambientales que prevalecen, viéndose afectada su distribución.

3. MATERIAL, REACTIVOS Y EQUIPO

3.1. MATERIALES Y EQUIPO
- Equipos de protección personal (guantes, mascarilla, gafas).
- Lavatorio.
- Bandejas blancas de plástico (mínimo 30 x 20 cm).
- Tamices de 5 mm, 1 mm y 0,5 mm (Metodología Multimétricos).
- Placas Petri.

- Pinzas entomológicas y/o aspirador entomológico.
- Viales de plástico y otros recipientes con tapones herméticos.
- Contadores.
- Estéreo-microscopio.
- Rotulador resistente al agua.

4. DESARROLLO EXPERIMENTAL

4.1. TÉCNICAS ESPECÍFICAS DE ACUERDO AL TAXA

Técnicas de análisis

Las muestras colectadas se colocan en bandejas blancas, bien iluminadas, y con la ayuda de pinzas de aluminio de punta fina se procede a la separación de los organismos. El sedimento se va removiendo cuidadosamente de un extremo a otro de la bandeja, hasta asegurarse de que no queden organismos.

Debe tenerse en cuenta que cuando no se tiene suficiente experiencia muchos organismos pueden pasar inadvertidos, bien sea por su tamaño o por estar camuflados con los restos de vegetación o sustratos minerales. Este trabajo debe ser realizado cuidadosamente y con mucho orden.

a. Cualitativo

La identificación de los organismos debe ser hasta el nivel taxonómico más bajo posible; sin embargo, en la mayoría de casos se puede determinar hasta el rango de familia o género.

b. Cuantitativo

Luego de la identificación se realiza un conteo de todos los organismos de la muestra, teniendo en cuenta el área total de la colecta.

c. Semicuantitativo

Se puede utilizar placas con divisiones para hacer un conteo aproximado teniendo en cuenta porcentajes de abundancia relativa o la utilización de escalas de abundancia como referencia (muy abundante, abundante, frecuente, escasa).

5. RESULTADOS Y REPORTE.

- Reportar la los tipos de microinvertebrados encontrados en las muestras.
- Buscar en la literatura cuales son la variedad de microinvertebrados existentes en aguas continentales.
- De acuerdo a los bentos encontrados se puede señalar que existe contaminación o son especies naturales del lugar.
- Analizar las posibles causas de contaminación por presencia de ciertos bentos y su abundancia.

REFERENCIAS BIBLIOGRAFICAS

1.- Anagnostidis, K. & J. Komarek. 1988. Modern approach to the classification system of cyanophytes 3-Oscillatoriales. *Arch. Hydrobiol. Suppl.* 80 (1-4): 327-472.

2.- Bicudo, C.E. 1982. Desmidioflorula paulista II. Bibliotheca Phycolog.Vol.57.

3.- Bicudo, C.E. & Mariangela Menezes. 2006. Géneros de algas de Aguas Continentais Do Brasil. Segunda Edición. Rima Editora. 502pp.

4.- Harris, D. C. "Análisis Químico Cuantitativo" 3ª Ed. Grupo Editorial Iberoamérica, México
   (1992).

5.- Day, R. A., Underwood, A. L. "Química Analítica Cuantitativa" 5ª. Ed. Prentice
   Hall, México (1989).

6.- Vogel, A. I. "Química Analítica" Kapeluz 5ª. Edición.

7.- García de Marina, Adrián; Benito del Castillo; "Cromatografía Líquida de Alta Resolución".
   Ed. Limusa (1988)

8.- Flaschka, A.H.; Bernard, Jr., A.,J. Sturrock, P.E. ; "Química Analítica Cuantitativa". Vol. I; Ed. CECSA (1978)

9.- Willard, Hobart H.Merrit, Jr., Lynne L.;Dean, John A.;Setde, Jr., Frank A.; "Métodos
   Instrumentales de Análisis", Ed. Iberoamérica (1991).

10.- Skoog, Douglas A.Leary, James J. "Análisis Instrumental", Ed. Mc Graw Hill (1994)

11.- Muñoz M. Cuauhtémoc; Prácticas de Instrumentación Analítica (Métodos de separación). Ed. Limusa (1981)

12.- Harris, D.C. "Análisis Químico Cuantitativo", 3ed. Ed. Grupo Editorial Iberoamérica, México (1992), 886 pags.

13.- Reussel, AWWA, APHA, WPCF, "Métodos normalizados para el análisis de aguas potables y residuales" Ed. Díaz de Santos, S.A., 1989.

14.- Romero Rojas Jairo A. "Calidad del agua" Ed. Alfaomega Editor, S.A de C. V.; segunda edición; 1999.

15.- NMX-AA-30-SCFI-2001. "Análisis de agua.- Determinación de la Demanda Química de Oxígeno en aguas naturales, residuales y residuales tratadas.- Método de Prueba.

16.- NOM-AA-051-1981 "Análisis de Metales Pesados en Aguas Residuales Por Espectroscopia de Absorción Atómica".

17.- Universidad Nacional Mayor de San Marcos. Departamentos de Limnología e Ictiología. Métodos de colecta, identificación y análisis de comunidades biológicas: plancton, perifiton, bentos (macroinvertebrados) y necton (peces) en aguas continentales del Perú. MINAM, edición; 2014.

ANEXOS

VALENCIAS O ESTADOS DE OXIDACION DE LOS ELEMENTOS QUIMICOS

FAMILIA I o GRUPO I (Metales alcalinos) alcalinotérreos)

H	Hidrógeno	+ 1
Li	Litio	+ 1
Na	Sodio	+ 1
K	Potasio	+ 1
Rb	Rubidio	+ 1
Cs	Cesio	+ 1
Fr	Francio	+ 1

FAMILIA 2 o GRUPO 2 (Metales

Be	Berilio	+ 2
Mg	Magnesio	+ 2
Ca	Calcio	+ 2
Sr	Estroncio	+ 2
Ba	Bario	+ 2
Ra	Radio	+ 2

FAMILIA 3 o GRUPO 3

B	Boro	+ 3
Al	Aluminio	+ 3
Ga	Galio	+ 3
In	Indio	+ 3
Tl	Talio	+ 3

FAMILIA 4 o GRUPO 4

C	Carbono	± 2,4
Si	Silicio	± 2,4
Ge	Germanio	± 2,4
Sn	Estaño	+ 2,4
Pb	Plomo	+ 2,4

FAMILIA 5 o GRUPO 5 Anfotéricos)

N	Nitrógeno	± 2,3,4,5
P	Fósforo	± 3,5
As	Arsénico	± 3,5
Sb	Antimonio	± 3,5
Bi	Bismuto	± 3,5

FAMILIA 6 o GRUPO 6   Anfígenos u

0	Oxigeno	- 2, - l
S	Azufre	± 2,4,6
Se	Selenio	± 2,4,6
Te	Telurio	± 2,4,6
Po	Polonio	± 2,4,6

FAMILIA 7 o GRUPO 7 (Halógenos))

F	Fluor	-1
Cl	Cloro	± 1,3,5,7
Br	Bromo	± 1,3,5,7
I	Iodo	± 1,3,5,7
At	Astato	± 1.3,5,7

FAMILIA 8 o GRUPO 8 (Metales de transición

Fe	Hierro	+ 2,3
Co	Cobalto	+ 2,3
Ni	Níquel	+ 2,3
Pd	Paladio	+ 2,4
Pt	Platino	+ 2,4

GASES NOBLES o INERTES

He	Helio
Ne	Neon
Ar	Argon
Kr	Kripton
Xe	Xenon
Rn	Radon

2,3,4,6,7

SUB - GRUPO I

Cu	Cobre	+ 1,2
Ag	Plata	+ 1
Au	Oro	+ 1,3

SUB - GRUPO 6

Cr   Cromo   + 2,3,6

Mo Molibdeno + 2,3,4,5,6

SUB - GRUPO 2

Zn	Cinc	+ 2
Cd	Cadmio	+ 2
Hg	Mercurio	+ 1,2

SUB - GRUPO 7

Mn Manganeso +

Lista de los elementos con sus símbolos y pesos atómicos*

Elemento	Símbolo	Número atómico	Peso atómico[†]	Elemento	Símbolo	Número atómico	Peso atómico[†]
				Litio	Li	3	6.941
Actinio	Ac	89	(227)	Lutecio	Lu	71	175.0
Aluminio	Al	13	26.98	Magnesio	Mg	12	24.31
Americio	Am	95	(243)	Manganeso	Mn	25	54.94
Antimonio	Sb	51	121.8	Meitnerium	Mt	109	(266)
Argón	Ar	18	39.95	Mendelevio	Md	101	(256)
Arsénico	As	33	74.92	Mercurio	Hg	80	200.6
Astato	At	85	(210)	Molibdeno	Mo	42	95.94
Azufre	S	16	32.07	Neodimio	Nd	60	144.2
Bario	Ba	56	137.3	Neón	Ne	10	20.18
Berilio	Be	4	9.012	Neptunio	Np	93	(237)
Berkelio	Bk	97	(247)	Niobio	Nb	41	92.91
Bismuto	Bi	83	209.0	Niquel	Ni	28	58.69
Bohrium	Bh	107	(262)	Nitrígeno	N	7	14.01
Boro	B	5	10.81	Nobelio	No	102	(253)
Bromo	Br	35	79.90	Oro	Au	79	197.0
Cadmio	Cd	48	112.4	Osmio	Os	76	190.2
Calcio	Ca	20	40.08	Oxígeno	O	8	16.00
Californio	Cf	98	(249)	Paladio	Pd	46	106.4
Carbono	C	6	12.01	Plata	Ag	47	107.9
Cerio	Ce	58	140.1	Platino	Pt	78	195.1
Cesio	Cs	55	132.9	Plomo	Pb	82	207.2
Circonio	Zr	40	91.22	Plutonio	Pu	94	(242)
Cloro	Cl	17	35.45	Polonio	Po	84	(210)
Cobalto	Co	27	58.93	Potasio	K	19	39.10
Cobre	Cu	29	63.55	Praseodimio	Pr	59	140.9
Cromo	Cr	24	52.00	Prometio	Pm	61	(147)
Curio	Cm	96	(247)	Protactinio	Pa	91	(231)
Disprosio	Dy	66	162.5	Radio	Ra	88	(226)
Dubnium	Db	105	(260)	Radón	Rn	86	(222)
Einstenio	Es	99	(254)	Renio	Re	75	186.2
Erbio	Er	68	167.3	Rodio	Rh	45	102.9
Escandio	Sc	21	44.96	Rubidio	Rb	37	85.47
Estaño	Sn	50	118.7	Rutenio	Ru	44	101.1
Estroncio	Sr	38	87.62	Ruterfodio	Rf	104	(257)
Europio	Eu	63	152.0	Samario	Sm	62	150.4
Fermio	Fm	100	(253)	Seaborgium	Sg	106	(263)
Fierro	Fe	26	55.85	Selenio	Se	34	78.96
Flúor	F	9	19.00	Silicio	Si	14	28.09
Fósforo	P	15	30.97	Sodio	Na	11	22.99
Francio	Fr	87	(223)	Talio	Tl	81	204.4
Gadolino	Gd	64	157.3	Tantalo	Ta	73	180.9
Galio	Ga	31	69.72	Tecnecio	Tc	43	(99)
Germanio	Ge	32	72.59	Teluro	Te	52	127.6
Hafnio	Hf	72	178.5	Terbio	Tb	65	158.9
Hassium	Hs	108	(265)	Titanio	Ti	22	47.88
Helio	He	2	4.003	Torio	Th	90	232.0
Hidrógeno	H	1	1.008	Tulio	Tm	69	168.9
Holmio	Ho	67	164.9	Tungsteno	W	74	183.9
Indio	In	49	114.8	Uranio	U	92	238.0
Iodo	I	53	126.9	Vanadio	V	23	50.94
Iridio	Ir	77	192.2	Xenón	Xe	54	131.3
Kriptón	Kr	36	83.80	Yterbio	Yb	70	173.0
Lantano	La	57	138.9	Ytrio	Y	39	88.91
Laurencio	Lr	103	(257)	Zinc	Zn	30	65.39

More
Books!

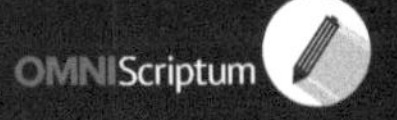

OMNIScriptum

Printed by Books on Demand GmbH, Norderstedt / Germany